Springer Wien New York

Gerald Wiest

Hierarchien in Gehirn, Geist und Verhalten

Ein Prinzip neuraler und mentaler Funktion

Mit einem Vorwort von
Mark Solms

SpringerWienNewYork

Ao. Univ.-Prof. Dr. Gerald Wiest
Universitätsklinik für Neurologie
Medizinische Universität Wien, Österreich

Gedruckt mit Unterstützung des
Bundesministeriums für Wissenschaft und Forschung in Wien
BM.W_F°

SpringerWienNewYork ist ein Unternehmen von
Springer Science + Business Media
springer.at

Satz/Layout und Druck: C. H. Beck, Nördlingen, Deutschland

Gedruckt auf säurefreiem, chlorfrei gebleichtem Papier
SPIN 12327768

Mit 64 Abbildungen

Bibliografische Information der Deutschen Nationalbibliothek Die Deutsche Nationalbibliothek
verzeichnet diese Publikation in der Deutschen Nationalbibliografie; detaillierte bibliografische
Daten sind im Internet über http://dnb.d-nb.de abrufbar.

ISBN 978-3-211-99132-9 SpringerWienNewYork

für Sylvia und Nicholas

Inhaltsverzeichnis

Vorwort

Die Idee einer hierarchischen Organisation des menschlichen Geistes lässt sich bis zu den Vorstellungen Platons über den Aufbau der Seele zurückverfolgen. Im vorliegenden Buch sollen hierarchische Prinzipien von Gehirn und Geist aufgezeigt, und ihre Präsenz in den verschiedenen Wissenschaftsdisziplinen der Gegenwart nachvollzogen werden. Der Bogen spannt sich dabei von den philosophischen Ansätzen Herbert Spencers und dessen Vorstellungen über die hierarchische Organisation des Gehirns, zu Hughlings Jackson, der dies zur Grundlage für seine Doktrin der Neurologie machte. Jackson wiederum, beeinflusste Sigmund Freud in seiner Konzeption der Funktionsweise des psychischen Apparates. Mit der Einführung der Triune Brain Theorie gelang Paul MacLean ein neurobiologisches Modell des Gehirns, das Verhalten unter hierarchischen und phylogenetischen Aspekten betrachtet, und einen Meilenstein unter den Konzepten der evolutionären Neuroethologie darstellt. Schließlich wird auf die Theorie der Mikrogenese eingegangen, die eine auf hierarchischen Prinzipien basierende Theorie neuromentaler Funktion repräsentiert. Die Betrachtungsweise von Gehirn und Geist nach hierarchischen Gesichtspunkten, ermöglicht Erklärungsmodelle für Phänomene und Aspekte menschlichen Erlebens und Verhaltens, die durch andere Anschauungen nicht gewährleistet werden.

Ich möchte mich bei folgenden Personen, die auf verschiedene Weise zur Entstehung des Buches beigetragen haben, bedanken: Eduard Auff, Robert W. Baloh, Peter Basham, Christina Bauer, Christoph Baumgartner, Andrea Binder, Elisabeth Brainin, Olaf Breidbach, Emma Butterfield, Lüder Deecke, Christine Diercks, Irenäus Eibl-Eibesfeldt, Renate Fanta, Alberto Ferrús, Georg Fodor, Tatjana Gawron, Susanne Habermann, Michael G. Halmagyi, Silvia Hildebrand, Ruth Koblizek, Vera Ligeti, Christian Müller, Jaak Panksepp, Adam J. Perkins, Bettina Reiter, Kees Rookmaaker, Helen Sanders, Barbara Schmidt-Loeffler, Karola Schrader, Dagmar Schreiber, Tatjana Sepin-Strünkelnberg, Robert Silvers, Mark Solms, Samy Teicher, Oliver Turnbull, Véronique Van de Ponseele, John van Wyhe, Nicole Welz, Rudolf Wenger, Christian Wiest. Mein besonderer Dank gilt Frau Mag. Eichhorn und Frau Akbaba vom Springer Verlag, die mir jederzeit mit Rat und Hilfe zur Seite standen.

Zusätzlich möchte ich mich bei folgenden Institutionen für die Unterstützung und Hilfestellungen bedanken: Cambridge University; Darwin Online, Cambridge; Ernst-Haeckel-Haus, Jena; Forschungsstelle für Humanethologie, Max-Planck-Gesellschaft; Instituto Cajal, Madrid; Institut für Geschichte der Medizin – Josephinum, Wien; Medizinische Universität Wien; Muséum National d'Histoire Naturelle, Paris; National Portrait Gallery, London; Royal College of Physicians of London; Sigmund Freud Gesellschaft, Wien; Sigmund Freud Privatstiftung, Wien; University of California Library, Los Angeles (UCLA), USA; Runaway Technology INC, Marshfield, USA.

Wien, im Frühjahr 2009

Foreword by Mark Solms

It is a peculiarly pleasant task to introduce a book which deals with a subject that is so close to my heart that I would like to have written it myself.

With this book, Gerald Wiest brings to contemporary awareness a largely unrecognised but very important fact about the history of behavioural neuroscience, namely that it has from the start given rise to two parallel traditions. These might be called the 'modular' and 'dynamic' traditions respectively. The first of these traditions – which has always been the dominant one – had its origins in classical localizationism (and before that, in phrenology), the theoretical assumptions of which persist today in the way that cognitive neuroscientists interpret functional magnetic resonance images. The other, 'dynamic' tradition has its origins in the hierarchical conceptions of Jackson, and continues to this day in the deeply evolutionary perspective that informs the affective neuroscience of Panksepp, and also the nascent interdiscipline now known as neuropsychoanalysis.

Anyone who respects reality must acknowledge that the life of the mind is a complex and difficult subject, which does not sit easily with the reductive simplicity of modularism, however appealing that simplicity may be from the purely didactic point of view. (This was the basis of Freud's early dismissal of classical behavioural neurology as 'a silly game of permutations'.) The alternative, dynamic view is far more difficult to grasp, and to teach, and this must be one of the main sources of the ongoing resistance to it – if not downright ignorance of it. This way of thinking about the mind is much more demanding intellectually than the notion that complete mental functions can be assigned to individual structures or 'modules'.

Ultimately, however, the difficulty and subtlety of the dynamic conception is also what makes it convincing. Who can really sustain a view of mental life that denies it the dimension of depth? This is true not only in the face of the actual clinical and developmental phenomena, of neurology and psychiatry alike, but also – in fact especially – in light of the ocean of evidence upon which all of evolutionary biology rests. How can the evolutionary Weltanschauung ever be reconciled with a modular theory? Mental functions simply must carry within themselves their maturational and evolutionary trajectory, which necessarily implies that structure/function relationships in the existing phenotype cannot convey the full story. The fuller story is inevitably submerged in earlier and deeper relationships, in layers of both ontogenetic and phylogenetic organisation that are not so superficially apparent.

Gerald Wiest's tactful and modest treatment of this profound subject matter encourages contemporary mental scientists to strive once more to transcend the arrogance of the present – not only with respect to the biological prehistory of the adult human mental apparatus, but also with respect to the rich theoretical heritage of behavioural neuroscience itself.

Le coeur a ses raisons que la raison ne connaît point

Blaise Pascal, Pensées IV, 277

1. Die biologischen und philosophischen Grundlagen einer Theorie

Nach den Anschauungen der modernen Biologie unterscheidet sich die organische Welt von der anorganischen vor allem durch die Entwicklung von Hierarchien (Mayr, 1997). Hierarchische biologische Prinzipien finden folglich sowohl in der Ontogenese als auch in der Phylogenese ihren Niederschlag. Die aktuellen Vorstellungen zur Evolution des Gehirns korrelieren mit den gegenwärtigen Konzepten der allgemeinen Evolution. Demnach geht die (Gehirn-)Evolution von einem frühen, einfachen Zustand aus, der sich zunehmend in mehrere Baupläne kompliziert. Die weitere Entwicklung ist durch Verzweigung bzw. Radiation und Konstanz, sowie durch Komplexitätszunahme (punktuell auch durch Vereinfachungen) gekennzeichnet (Roth, 1996).

Die evolutionäre Entwicklung von Gehirn und Geist ist letztlich auf die räumliche und zeitliche Variabilität von lebensnotwendigen Ressourcen und lebensbedrohlichen Gefahren zurückzuführen. Komplexe Gehirne finden sich bei Lebewesen, die einen kontinuierlichen hohen Energiebedarf haben, oder bei Organismen, die in ihrer Entwicklung erst spät reproduktionsfähig werden. Diese Korrelationen zeigen, dass das Aufkommen der Evolutionstheorie einen entscheidenden Wendepunkt im Verständnis von Struktur und Funktion des Gehirns darstellte.

1.1 Die Anfänge der Evolutionstheorie

Der Wegbereiter der Evolutionstheorie, Jean Baptiste de Lamarck (1744–1829), sah im Nervensystem einen entscheidenden Schlüssel zum Verständnis evolutionärer Prozesse. Lamarck, der zunächst Medizin studierte und sich anschließend vermehrt der Botanik, Chemie, Meteorologie und zuletzt der Zoologie zuwandte, verwendete selbst nie den Begriff der „Evolution", sondern sprach vielmehr vom „Weg, den die Natur in der Entstehung aller lebenden Organismen beschritt" (Abb. 1).

Abb. 1. Jean-Baptiste Lamarck (1744–1829). Copyright: Bildersammlung, Sammlungen der Medizinischen Universität Wien.

Der seit 1794 am Pariser Muséum d'Histoire Naturelle als „Professor für Insekten und Würmer" tätige Lamarck bezog sich erstmals 1800 im Rahmen eines Eröffnungsvortrages für seinen Kurs über Invertebraten auf seine Evolutionstheorie, dessen Entwurf im folgenden Jahr veröffentlicht wurde (Lamarck, 1801). Lamarck postulierte an dieser Stelle bereits, dass veränderte Umweltbedingungen und physische Bedürfnisse bei Tieren möglicherweise zu neuen Gewohnheiten führen, die durch oftmalige Wiederholung in einer „Verstärkung" bestimmter Körperteile bzw. Organe resultieren. In der Folge würden schrittweise neue Körperteile oder Organe entstehen, da die erworbenen Modifikationen durch Reproduktion an die nachfolgenden Generationen weitergegeben würden. Im Jahr 1802 erfolgte eine entscheidende Erweiterung in Lamarcks Evolutionskonzept durch die Publikation seines Werkes *Recherches sur l'organisation des corps vivans* (Lamarck, 1802), in dem er sich mit den zunehmenden Komplexitätsgraden im Tierreich beschäftigte. Letztere erklärt Lamarck durch die Annahme einer natürlichen Tendenz des Organischen, sich vom Einfachsten zum Komplexesten zu entwickeln. Dieses universale Prinzip des Organischen bildete eine ideale Ergänzung zu seiner Theorie des Mineralreiches, das der gegenteiligen natürlichen Tendenz unterliege (Lamarck war der Meinung, dass alle Substanzen des Mineralreiches letztlich durch Desintegration organischer Überreste entstanden seien). Die ausführlichste Darstellung seiner evolutionären Theorien vollzog Lamarck in dem Werk *Philosophie zoologique*. Nach einer detaillierteren Argumentation hinsichtlich der zunehmenden Komplexitätsgrade im Pflanzen- und Tierreich, sucht Lamarck im dritten Teil der Abhandlung nach einer physikalischen Erklärung für das Auftauchen höherer kognitiver Funktionen (Lamarck, 1809). Materialisten des 18. Jahrhunderts hatten zuvor die Frage der Entstehung des Geistes insofern umgangen, als sie annahmen, das Denken sei der Materie inhärent. Lamarcks revolutionäre Idee in diesem Zusammenhang war die Theorie, dass die progressive Entwicklung höherer kognitiver Funktionen mit der strukturellen Entwicklung des Nervensystems korreliert. Aufgrund seiner botanischen und zoologischen Studien verfügte

Lamarck bereits über umfassende Erklärungsmodelle für die Evolution von neuen Strukturen und Systemen, die er nun auch auf das Nervensystem anwandte. Seiner Ansicht nach konnten höhere mentale Funktionen erst infolge der zunehmenden strukturellen Komplexität des Gehirns entstehen.

In dem Konzept der „inneren Empfindung" (sentiment intérieur) sah Lamarck einen bestimmenden Faktor für das Funktionieren und die Evolution höher entwickelter Tiere. Er differenzierte zwischen der Willkürmotorik höher entwickelter Tiere, die zu bestimmten Gewohnheiten führen könne (wie etwa bei der Nahrungssuche oder der Gefahrenvermeidung) und unwillkürlicher Bewegung, die er „Reflexbewegungen" nannte. Nach diesem Konzept würde das Gehirn eines Tieres mit einer „inneren Empfindung" (wie z.B Hunger) willkürliche Bewegungen induzieren, um das Bedürfnis zu befriedigen. Falls diese Handlungen nun oftmals wiederholt würden, könnten daraus neue Organe bzw. neue Körperteile resultieren (Abb. 2).

Ein plötzlicher, starker Stimulus, etwa ein lautes Geräusch, würde dagegen eine Reflexbewegung induzieren. Lamarck verstand sein Konzept des „sentiment intérieur" als wichtigen Schlüssel zum Verständnis vieler Funktionen des Nervensystems, etwa des Instinkts, des Willens, des Gedächtnisses, des Verstandes und der Urteilskraft.

Die wohl bekannteste Zusammenfassung der Lamarck'schen Evolutionstheorien findet sich in seinem Werk *Histoire naturelle des animaux sans vertèbres* (Lamarck, 1815–1822), in dem das Evolutionskonzept in vier Gesetzen dargestellt wird. Das erste Gesetz bezieht sich auf das Prinzip einer zunehmenden organischen Komplexität im Tier- und Pflanzenreich. Das zweite Gesetz thematisiert die Entwicklung neuer Organe durch den indirekten Einfluss der Umwelt auf ein Tier. Das dritte Gesetz, das Prinzip des Gebrauchs und Nichtgebrauchs, erklärt

Abb. 2. Lamarcks Konzept des „sentiment intérieur" als evolutionsbestimmendes Element am Beispiel der Giraffe

die Veränderung von Körperteilen eines Organismus durch das Auftreten neuer Gewohnheiten. Die Annahme einer langsamen und schrittweisen Evolution, implizierte das vierte Gesetz Lamarcks, nämlich das Postulat der Vererbung erworbener Eigenschaften, ohne das er das Auftreten neuer Strukturen nicht erklären hätte können.

Lamarck war zeit seines Lebens mehr Naturphilosoph als Wissenschafter. Von Anbeginn seiner Studien war er mehr an generellen Prinzipien in der Natur interessiert, als an Details. Folglich verabsäumte er es häufig, seine Evolutionskonzepte durch konkrete Beispiele zu belegen. Obwohl gerade sein wichtigstes Postulat der Vererbung von erworbenen Eigenschaften heute als obsolet angesehen wird, so gebührt Lamarck dennoch ein wichtiger Platz in der Geschichte der Wissenschaften, nicht nur aufgrund seiner Pionierleistungen im Bereich der Botanik oder Zoologie, sondern vor allem aufgrund der Erstellung der ersten kohärenten Evolutionstheorie. Es war jedoch erst die Evolutionstheorie von Charles Darwin, die Lamarcks Platz in der Wissenschaftsgeschichte sicherte.

1.2 Die Evolutionstheorie Charles Darwins

Der entscheidende Durchbruch zur modernen, noch heute gültigen Evolutionstheorie gelang erst Charles Darwin (1809–1882). Darwins Ideen revolutionierten nicht nur die gesamte Biologie, sondern veränderten auch das Selbstverständnis des Menschen nachhaltig (Abb. 3).

Abb. 3. Charles Darwin (1809–1882)
Reproduziert mit freundlicher Genehmigung von John van Wyhe ed., The Complete Work of Charles Darwin Online (http://darwin-online.org.uk/)

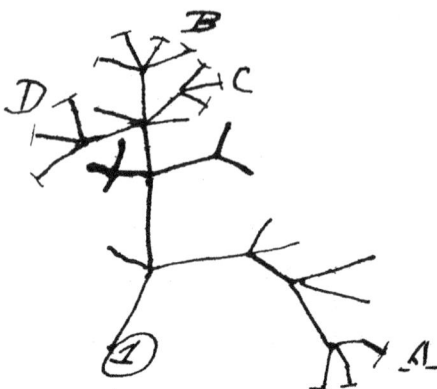

Abb. 4. Originalgraphik aus Charles Darwins Notizbuch (Darwin, 1837). Die Zeichnung repräsentiert die erste Darstellung seines Evolutionskonzeptes. Copyright: Syndics of Cambridge University Library.

Bereits als Medizinstudent wurde Darwin 1827 an der Universität Edinburgh durch den Zoologen Robert Edmond Grant mit den Evolutionstheorien Lamarcks vertraut gemacht. Nach Beginn seines Theologiestudiums in Cambridge interessierte sich Darwin zunehmend für Botanik, Zoologie und Paläontologie. Die Jahre 1831 bis 1836, die Darwin schließlich als Naturforscher am Vermessungsschiff „Beagle" der britischen Admiralität verbrachte, waren nicht nur das wichtigste Ereignis seines wissenschaftlichen Lebens, sondern repräsentieren auch einen Wendepunkt in der Geschichte der Biologie. Als die „Beagle" England 1831 verließ, war Darwin noch der Überzeugung, dass jede Spezies individuell erschaffen worden war. Aufgrund seiner extensiven botanischen und zoologischen Beobachtungen kamen Darwin jedoch zunehmend Zweifel hinsichtlich der Unveränderbarkeit der Arten, die er erst 1837 nach Ende der Reise in seinem Notizbuch *Transmutation of Species* niederschrieb (Abb. 4). Aufgrund seiner Beobachtungen folgerte er, dass wahrscheinlich alle Lebewesen der Erde, inklusive des Menschen, auf gemeinsame Vorfahren zurückzuführen seien.

Für Darwin war diese Annahme die Antwort auf viele seiner bisher unerklärlichen Beobachtungen, etwa dass Embryos von Echsen, Hühnern oder Hasen einander gleichen, die erwachsenen Tiere sich voneinander aber deutlich unterscheiden, oder dass viele Tiere nur rudimentär angelegte Organe besitzen. Aber auch Verhaltensähnlichkeiten zwischen Tier und Mensch, etwa das Gähnen bei Pferden und Menschen, oder die Ähnlichkeiten bei emotionalen Reaktionen von Mensch und Orang-Utan machten für Darwin nunmehr plötzlich Sinn. Zu diesem Zeitpunkt sah Darwin die Evolution bereits als Prozess der Adaptierung der Arten an die Umwelt, ohne jedoch den lenkenden Mechanismus dahinter zu erkennen. Die Lösung dieses Problems ergab sich für ihn zufällig 1838, nach der Lektüre des Buches *Essay on the Principle of Population* von Thomas Robert Malthus (Malthus, 1798). Darwin wandte die in Malthus´ Buch beschriebenen Ideen über die „Bevölkerungsgesetze" auf das Tier und Pflanzenreich an, und entdeckte damit das Prinzip der „natürlichen Selektion", das ihn zum Begründer der modernen Evolutionstheorie machen sollte. Erst durch das Drängen von Freunden begann er seine Theorie der Evolution 1856 niederzuschreiben. Im Jahr 1858 erhielt Darwin von Alfred Russel Wallace – einem in Südostasien tätigen Naturforscher – einen Brief, der eine nahezu idente Abhandlung zu Darwins Theorien darstellte, sich jedoch nicht auf ein derartig reichhaltiges Beweismaterial wie das von Darwin stützen konnte. Darwin und Wallace präsentierten ihre Arbeiten schließlich gemeinsam im Juli 1858 vor der Linnean Society in London. Die Publikation von Darwins Hauptwerk *On the Origin of Species*, das Darwin bescheiden als „abstract" bezeichnete, erschien am 24. November 1859 in einer Auflage von 1250 Exemplaren und war noch am selben Tag vergriffen (Darwin, 1859). In diesem Buch finden sich die fünf Grundprinzipien seiner Evolutionstheorie, an der er mehr als 20 Jahre gearbeitet hat, zusammengefasst:

- Die Evolution basiert auf gemeinsamer Abstammung, wobei sich die Entwicklung nicht linear, sondern in Form sich verzweigender Stämme vollzieht, wie an der Vielfalt der Organismen gesehen werden kann.
- Organismen weisen die Tendenz auf, sich ständig weiterzuentwickeln.
- Arten vervielfältigen sich im Laufe der Zeit.
- Die Evolution erfolgt in Form eines langsam progredienten Wandels.
- Der Evolutionsmechanismus basiert auf der Konkurrenz unter zahlreichen Individuen um begrenzte Ressourcen, wobei es unter den Organismen eine prinzipielle Überproduktion von Nachkommen gibt.

In seinem 1871 erschienenen Werk *The Descent of Man* widmete sich Darwin zunächst den Ähnlichkeiten körperlicher Merkmale bei Mensch und Primaten, um anschließend auf die gemeinsamen psychologischen und physiologischen Prozesse hinzuweisen, die bei Paarung, Reproduktion, Menstruation, Geburt und Kindheit wirksam sind (Darwin, 1871). Darwin war schließlich neben Lamarck der erste Wissenschafter, der die Entwicklung von Gehirn und Geist einem evolutionären Prozess zuschrieb. Er argumentierte, dass Tier und Mensch den Drang nach Selbsterhaltung, die mütterliche Fürsorge, aber auch Lust, Erregung, Imitation oder Gedächtnis teilen, und dass selbst das Aufkommen moralischer Gefühle durch die Evolution erklärbar ist. Seiner Meinung nach entstünde Moral bei jedem mit sozialen Instinkten ausgestatteten Lebewesen durch einen evolutionären Prozess, sobald die intellektuellen Fähigkeiten dazu entwickelt wären. In weiterer Folge wandte sich Darwin zunehmend Fragestellungen der Evolution von Gehirn und Verhalten zu. In seinem Buch *The Expression of the Emotions in Man and Animals* beschäftigte er sich mit den Verbindungen zwischen Gesichtsausdruck und emotionalen Verhaltensweisen bei Mensch und Tier (Darwin, 1872). Darwin leistete damit einen wichtigen Beitrag zur Psychologie und gilt als Wegbereiter der Ethologie (Abb. 5).

Einer der ersten Verfechter der Evolutionstheorie Darwins im deutschsprachigen Raum war der an der Universität Jena tätige Zoologieprofessor Ernst Haeckel (1834–1919). Haeckel prägte die Begriffe Ontogenese, die Entwicklung von der befruchteten Eizelle bis zum erwachsenen Organismus, und Phylogenese, die „Entwicklungsgeschichte der Stämme" (Haeckel, 1866). Haeckel betonte wiederholt die Parallelen zwischen Onto- und Phylogenese und formulierte das „Biogenetische Grundgesetz" (Abb. 6), demzufolge ein Organismus die gesamte Phylo-

Abb. 5. Abbildung aus Charles Darwins Buch „The Expression of the Emotions in Man and Animals" (1872) Reproduziert mit freundlicher Genehmigung von John van Wyhe ed., The Complete Work of Charles Darwin Online (http://darwin-online.org.uk/)

Abb. 6. Illustration des „Biogenetischen Grundgesetzes" von Ernst Haeckel aus „Anthropogenie oder Entwicklungsgeschichte des Menschen" (1874). Die Abbildung zeigt die morphologischen Ähnlichkeiten von Embryonen verschiedener Arten (v.l.n.r.: Fisch, Salamander, Schildkröte, Vogel, Schwein, Rind, Kaninchen und Mensch). Mit freundlicher Genehmigung von Prof. Olaf Breidbach, Ernst-Haeckel- Haus, Jena.

genese in seiner Ontogenese rekapituliert (Haeckel, 1874).

Obwohl mehrere Aspekte in Haeckels Ausführungen über das Gesetz gegenwärtig nicht mehr haltbar sind, so ist das von ihm entdeckte Grundprinzip nach wie vor gültig und wird von der aktuellen molekularbiologischen Forschung bestätigt.

Abb. 7. Herbert Spencer (1820–1903) Copyright: National Portrait Gallery, London

1.3 Evolution und Dissolution

Der britische Philosoph Herbert Spencer (1820–1903) war der erste, der den Begriff der Evolution im heutigen Sinn einführte und evolutionäre Prinzipien in späteren Werken auch auf seine Konzepte der Gesellschaft und des Universums ausweitete (Abb. 7). Bereits in Jugendjahren, damals noch Angestellter einer Eisenbahngesellschaft, entwickelte er ein ausgeprägtes Interesse an der Evolution, nachdem er bei Grabungsarbeiten wiederholt auf Fossilien gestoßen war.

Wenige Jahre später wurde Spencer ein begeisterter Verfechter des Lamarckismus, um schließlich in den *Principles of Psychology* (Spencer, 1855) sein Konzept einer evolutionären Psychobiologie darzustellen. In diesem Werk beschäftigt sich Spencer eingehend mit der Struktur, der Funktion, und der Evolution des Nervensystems. Nach seiner Vorstellung ist der Geist nur durch das Verständnis seiner phylogenetischen Entwicklung erklärbar, wobei die Evolution des Bewusstseins mit der Evolution des Nervensystems einhergeht. Zwar beweist eine phylogenetische Betrachtungsweise für Spencer, dass Tiere ständig ihre „inneren Bedingungen" an die äußeren Bedingungen der Umwelt anpassen, gleichzeitig hält Spencer aber auch an der lamarckistischen Sicht der Vererbbarkeit erworbener Eigenschaften fest. Die Phylogenese des Bewusstseins belegt nach Spencer ein allgemeingültiges Gesetz der Evolution: Die Entwicklung von einer undifferenzierten, inkohärenten Homogenität zu einer differenzierten, kohärenten Heterogenität. Nach dieser Vorstellung sind

Nervenzentren zunächst kaum organisiert, und die Reiz- bzw. Infomationsverarbeitung erfolgt langsam und aufwändig. Durch den gehäuften Gebrauch würden diese Nervenzentren in weiterer Folge organisierter, komplexer, und – durch die zunehmenden Verknüpfungen der einzelnen Elemente untereinander – differenzierter und kohärenter. Zur Veranschaulichung dieses evolutionären Prinzips greift Spencer auf ein Beispiel der Ontogenese zurück: Die Sprache wird vom Kleinkind nur langsam und mühevoll erlernt, was nach Spencer auf die Undifferenziertheit der verantwortlichen Nervenzentren weist. Mit zunehmendem Alter wird das Sprechen jedoch einfacher, artikulierter und erfolgt nahezu automatisch, was auf die zunehmende Differenziertheit und hohe Organisation der gereiften Nervenzentren zurückzuführen sei. Obwohl sich Spencer nur theoretisch mit dem Nervensystems befasste, so hatte er dennoch konkrete Vorstellungen über die Struktur und Funktion des Gehirns. Den evolutionären Wandel des Nervensystems zu höherer Komplexität konzipierte er als Überlagerung immer neuerer Nervenverbände, wobei vorbestehende Verbände ihre Aktivitäten zunehmend koordinieren. Das anatomische Korrelat dieser Überlagerungen bilden dabei neue Schichten von Nervenzellen (Abb. 8).

Für Spencer widerspiegeln demnach die Strukturen des zentralen Nervensystems nicht nur die Erfahrungen der individuellen Vergangenheit, sondern auch jene der Vorfahren. Selbst am Ende seines Lebens blieb Spencer davon überzeugt, dass die Vererbung erworbener Eigenschaften einen impliziten Bestandteil der Evolution darstellt. Am Ende der psychologischen Evolution steht dem Spencer'schen Konzept zufolge die Fähigkeit, komplexeste neurale Repräsentanzen auf äußere Reize zu bilden. Die Prinzipien der psychobiologischen Evolution sind dabei auf allen Ebenen wirksam, sodass selbst abstrakte Ideen und hoch-

entwickelte moralische Vorstellungen sich nur im Ausmaß von automatischen Kontraktionen von Mikroorganismen unterscheiden. In einer phylogenetischen Reihe kommt es nach Spencer zudem dazu, dass ältere Ursprungsorte des Bewusstseins zunehmend in Reflexzentren umgewandelt werden, sodass deren archaische Bewusstseinsformen den höher entwickelten Zentren nicht mehr zugänglich sind. Spencer bringt diesen wichtigen Aspekt seiner Evolutionstheorie in den *Principles of Psychology* auf den Punkt: *„Beyond the limits of the coherent aggregate of activities … constituting consciousness, there exist other activities of the same intrinsic nature, which*

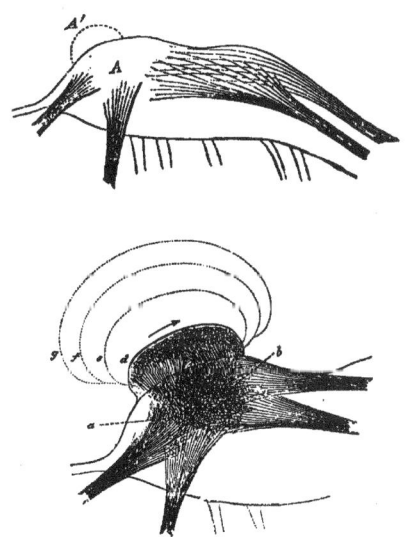

Abb. 8. Herbert Spencers Vorstellungen über den evolutionären Wandel des Nervensystems durch Überlagerung von Nervenverbänden in Invertebratenganglien. Aus dem ursprünglichen Ganglion (A) entsteht durch Überlagerung eine neue Struktur (A'). Der Erregungsverlauf erfolgt fortan nicht mehr von a nach b, sondern über die neuen neuralen Schichten (d,e,f,g). Aus „The Principles of Psychology", 3rd Ed. (Spencer, 1896). Copyright: Springer Science and Business Media.

being cut off are rendered foreign to it" (Spencer, 1855).

Die Anwendung des von Spencer propagierten fundamentalen evolutionären Prinzips auf das Nervensystem – nämlich die Entwicklung von einer inkohärenten Homogenität zu einer komplexen, zusammenhängenden Heterogenität – impliziert, dass eine Läsion auf einer höheren zerebralen Ebene Verhaltensweisen und Formen des Bewusstseins freilegt, die einer früheren evolutionären Stufe entstammen. Dieser Gedanke sollte später eine Grundlage für die Entwicklung der Neurologie als medizinische Wissenschaft darstellen und einen entscheidenden Einfluss auf die Geistesgeschichte des 20. Jahrhunderts ausüben.

2. Hierarchische Prinzipien im Nervensystem

2.1 Evolution und Dissolution des Nervensystems

John Hughlings Jackson, der später als einer der Gründungsväter der klinischen Neurologie in die Geschichte der Medizin eingehen sollte, wurde entscheidend von den Ideen Herbert Spencers beeinflusst (Abb. 9). Jackson war bereits am Beginn seiner Karriere als Assistent am Londoner *National Hospital for the Paralysed and the Insane* von den teils befremdenden Symptomen neurologischer Patienten beeindruckt.

Auf der Suche nach Erklärungsmöglichkeiten für diese Phänomene fand Jackson in den Schriften Spencers, insbesondere in seinem Werk *Principles of Psychology* (Spencer, 1855), den Schlüssel zum Verständnis. Das Prinzip, das Jackson auf seine neurologischen Beobachtungen anwendet und somit auf die Funktion des gesamten Nervensystems ausweitet, ist jenes der Evolution und der Dissolution, wobei er insbesondere aus dem Konzept der Dissolution – also der Umkehr der Evolution – eine Wissenschaft der Erkrankungen des Nervensystems entwickelt (Taylor, 1931/ 32).

Entsprechend der Spencer´schen Theorie stellen demnach neurologische Symptome wie Halbseitenlähmungen, Aphasien oder Epilepsie eine durch Hirnläsionen verursachte Dissolution des Nervensystems dar. Unter diesem Gesichtspunkt ermöglichen zerebrale Ausfälle (Dissolution) gleichsam einen Einblick in die phylogenetische Entwicklung (Evolution) des Gehirns. Für Jackson stellt die Evolution einen Prozess von einem Zustand der höchsten zur geringsten Organisation dar, wobei er mit dem Begriff des Organisationsgrades das Ausmaß der vorgefertigten automatischen Verbindungen der neuralen Einheiten untereinander meint. Der spinale Reflexbogen als Beispiel einer phylogenetisch einfachen, aber hoch organisierten und wenig komplexen Einheit kontrastiert somit mit den höchst entwickelten kortikalen Zentren, die am wenigsten organisiert sind (mit den Worten Jacksons die „hilflosesten Zentren"), jedoch strukturell die komplexesten Einheiten darstellen (Abb. 10).

Zugleich stellt die Evolution aber auch eine Wendung von einem Zustand der geringsten zur höchsten Modifizierbarkeit dar. Wenn etwa die höchsten zerebralen Zentren nicht modifizierbar wären, würde das menschliche Verhalten dem einer einfachen Maschine entsprechen, da keine

Abb. 9. John Hughlings Jackson (1834–1911) Copyright: Royal College of Physicians of London

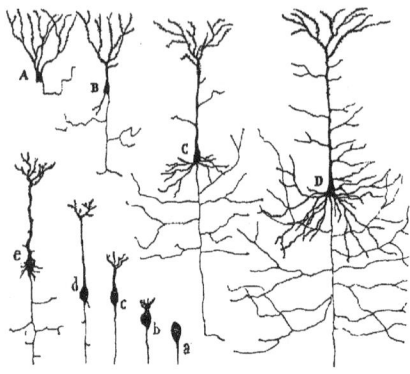

Abb. 10. Darstellung der phylogenetischen (ABCD) und ontogenetischen (abcde) Entwicklung von Pyramidenzellen (A-Frosch, B-Eidechse, C-Ratte, D-Mensch) durch Ramón y Cajal (Ramón y Cajal, 1892 und 1911). Mit freundlicher Genehmigung von Prof. Alberto Ferrús, Instituto Cajal, Madrid.

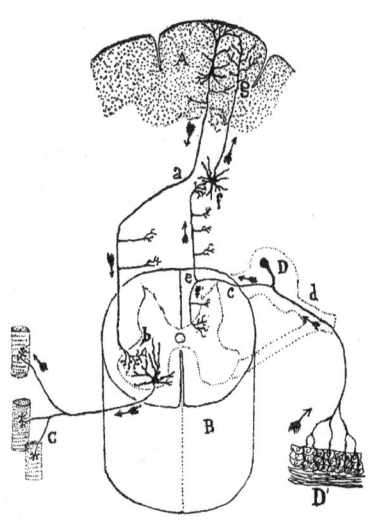

Abb. 11. Erste Darstellung des Reflexbogenmodells durch Santiago Ramón y Cajal in „Les nouvelles idées sur la structure du système nerveux chez l'homme et chez les vertebrés" (Ramón y Cajal, 1894). Mit freundlicher Genehmigung von Prof. Alberto Ferrús, Instituto Cajal, Madrid.

neuen Rezeptionen gemacht werden könnten. Eine Modifizierbarkeit der einfachsten bzw. tiefsten (vitalen) Zentren – ähnlich jener der höchsten – wäre dagegen mit dem Leben nicht vereinbar. In dieser Hinsicht schließt sich Jackson auch den Vorstellungen Spencers an, dass die tieferen Hirnstrukturen für Automatismen bzw. Reflexverhalten verantwortlich zeichnen, während die höchsten Zentren höheren Funktionen wie Lernen und Gedächtnis dienen. In funktioneller Hinsicht sah Jackson das Nervensystem jedoch von seiner einfachsten Struktur (dem Reflexbogen) bis hin zu den höchsten kortikalen Arealen immer einem sensomotorischen Mechanismus gehorchend (Abb. 11).

Jackson sieht bei neurologischen Erkrankungen jedoch nicht nur Spencers Prinzip der Dissolution des Nervensystems in Form neurologischer Symptome erfüllt, also den Ausfall bestimmter Funktionen, sondern auch dessen Konzept des „survival of the fittest" (diese Formulierung stammt tatsächlich von Spencer und nicht von Charles Darwin). Mit diesem Begriff bezieht sich Jackson auf die Tatsache, dass das resultierende Verhalten nach einer zerebralen Läsion, dem Verhalten der noch vorhandenen gesunden („fittest") Gehirnstruktur zuzuschreiben ist. Wenn also höhere zerebrale Zentren durch Läsionen funktionslos werden, ist das resultierende Symptom nicht nur das Fehlen der höheren Funktion, sondern die noch verbleibende Funktion der tieferen Gehirnstrukturen, die damit die Position der nunmehr höchsten Zentren einnehmen. In dieser Hinsicht erscheinen selbst die absurdesten Gedanken und das bizarrste Verhalten neurologischer und psychiatrischer Patienten als Resultat ihrer noch verbliebenen „gesunden" Gehirnstruktur. Das Fehlverhalten, die Illusionen und Gedankenwelten dieser Patienten stellen somit deren aktuellen und realen Geist dar.

Ausgehend von seinen Beobachtungen an neurologischen Patienten entwickelt Jackson nicht nur Theorien zur Funktion und Interaktion der zerebralen Strukturen, sondern entwirft auch ein topisches Konzept des Nervensystems. Jackson geht dabei von einer vertikalen Schichtung des Gehirns in drei Ebenen aus. Es erscheint in diesem Zusammenhang wissenschaftsgeschichtlich interessant, dass auch Spencer in den *Principles of Psychology* eine Entwicklung des tierischen Nervensystems über drei aufsteigende Ebenen beschreibt. Nach Jacksons Vorstellung repräsentieren dabei die untersten Zentren nur einen geringen Teil des Körpers, wie etwa die Vorderhörner des Rückenmarks oder die Augenmuskelkerne im Hirnstammbereich. Die mittleren Zentren re-repräsentieren wiederum die Repräsentationen der unteren Zentren. Jackson nennt diese mittleren Zentren Areale doppelt zusammengesetzter Koordination. Die höchsten Zentren repräsentieren schließlich neuerlich die Repräsentationen der mittleren Zentren, und werden somit zu re-re-repräsentativen Zentren. Zusätzlich sind diese Zentren jene Strukturen, die erstmals den gesamten Körper repräsentieren. Analog zu der Vielzahl unterer und mittlerer Zentren postuliert Jackson auch mehrere höhere Zentren, sodass der gesamte Cortex nicht als einheitliches höheres Zentrum angesehen werden kann. Jedes einzelne dieser zahlreichen höheren Zentren repräsentiert vielmehr den gesamten Organismus auf verschiedene Weise (Jackson, 1931)

Dieser holographischen Sichtweise des zentralen Nervensystems Rechnung tragend, verglich Jackson das Gehirn mit einem „Polyp dessen einzelne Elemente dieselben Funktionen aufweisen." Die Theorie des evolutionären Aufbaus des Gehirns beinhaltet jedoch noch einen weiteren Aspekt, nämlich dass jedes Element einer evolutionären Ebene des Gehirns eine einzigartige Gewichtung für die Funktion eines bestimmten Körperteils aufweist

Die Analyse der Effekte neurologischer Erkrankungen auf das von ihm postulierte Konzept einer hierarchischen Gehirnstruktur, veranlassten Jackson auch zu einer Theorie der Funktionsremission bzw. der neuralen Plastizität. Aufgrund seiner Beobachtung, dass eine Läsion im Corpus Striatum eine partielle Lähmung der gesamten Extremität und keine komplette Lähmung spezifischer Muskeln zur Folge hatte, schließt Jackson einerseits, dass das Nervensystem Bewegungen und nicht Muskeln repräsentiert, andererseits, dass eine Funktionsremission deshalb möglich ist, da die noch funktionierenden Gehirnareale einige Repräsentationen der lädierten Funktionen beinhalten (Abb. 12).

Dieser Aspekt der unterschiedlichen Gewichtung von Funktionen auf verschiedenen zerebralen Ebenen erklärt somit auch das klinische Phänomen der Erholung eines Funktionsverlustes bzw. der Rehabilitation nach einer spezifischen Gehirnläsion, aber auch das Phänomen, dass ein fokaler epileptischer Anfall nicht sofort den gesamten Körper in die Konvulsionen miteinbezieht. Das Prinzip der Kompensation eines Funktionsausfalles durch noch bestehende funktionierende Elemente im Nervensystem gilt dabei für alle evolutionären Ebenen des Gehirns. Da nun höhere Zentren über komplexere und vernetztere Repräsentationen als untere Gehirnareale verfügen, so führt eine Läsion im höheren Zentrum naturgemäß zu einem geringeren Funktionsverlust als im unteren Zentrum. Obwohl sich Jackson zur Verdeutlichung dieser Prinzipien vorwiegend auf das motorische System bezieht, so ging er dennoch davon aus, dass das Prinzip der Kompensation auf alle neuralen Systeme des Gehirns anzuwenden ist. Tatsächlich weisen moderne bildgebende Verfahren etwa darauf hin, dass Patienten mit einseitigen striatocapsulären Gehirnläsionen nach entsprechender Neurorehabilitation bei Bewegung der betroffenen (kontralateralen) oberen Extremität in der Positronenemissionstomographie (PET) Aktivierungen im ipsilateralen Striatum, im primären

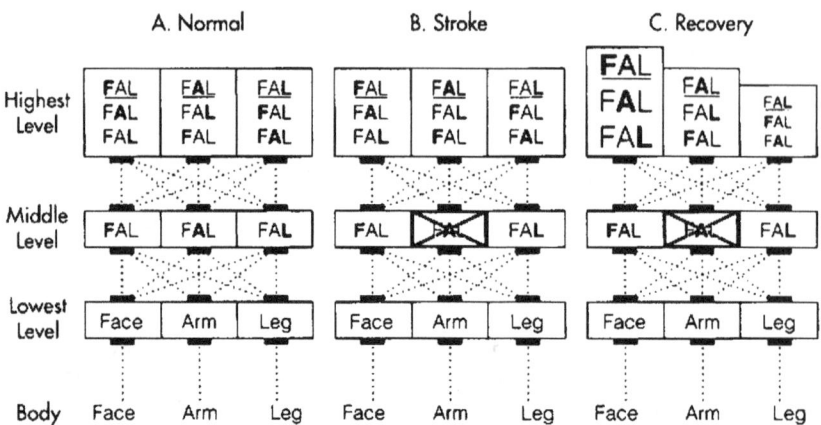

Abb. 12. Graphische Darstellung der Theorien Hughlings Jacksons zur Lokalisation und Kompensation. A) Jackson'sche Lokalisation von Repräsentanzen einer Normalperson (F = face, A = arm, L = leg). B) Statische Situation bei akutem Schlaganfall. C) Dynamische Kompensation nach Remissionsphase. Die neue Gewichtung der Repräsentation auf höchster Ebene ist durch die veränderte Größe dargestellt (York & Steinberg, 1995). Copyright: Lippincott, Williams & Wilkins.

Motorkortex und der Insula (dies würde dem Jacksonschen mittleren Zentrum entsprechen), aber auch in beiden frontalen und parietalen Cortexarealen (entsprechend den höchsten Zentren) aufweisen (Weiller, 1992). Diese Rekrutierung nicht-lädierter Areale auf verschiedenen Ebenen während der Bewegung kann somit als empirischer Beweis der ordinalen Repräsentation im zentralen Nervensystem und dem von Jackson postulierten Prinzip der Kompensation angesehen werden (York, 1995).

Jackson begann in weiterer Folge sein Prinzip der Evolution und Dissolution auch auf psychiatrische Krankheitsbilder anzuwenden (Dewhorst, 1982). Unter diesem Blickpunkt erscheint die Halluzination eines Patienten als „beste" Leistung tieferer Hirnregionen, als Folge einer Störung der übergeordneten Gehirnstrukturen. Im Falle eines Patienten, der anstelle eines schwarzen Hutes eine Katze wahrnimmt – im Sinne einer illusionären Verkennung – versuchen nun die funktionierenden tieferen Hirnregionen „das Beste" aus der einlangenden Information zu machen und eine

entsprechende Wahrnehmung zu generieren. Die Unmöglichkeit des Patienten, das Objekt als Hut wahrzunehmen, kann in dieser Hinsicht als negatives Element seines Symptoms angesehen werden (entsprechend dem Funktionsverlust höherer Gehirnareale), während die Verkennung des Hutes als Katze als positives Element gilt (als Ausdruck der kompensierenden Aktivität tieferer Strukturen).

Nicht nur die Beobachtungen an Patienten mit Bewusstseinsstörungen, sondern auch sein seit Jugendjahren bestehendes Interesse an der Philosophie veranlassten Jackson, sich auch mit Fragen des Bewusstseins und der Entstehung des Geistes zu beschäftigen. Er ging in diesem Zusammenhang davon aus, dass der Geist, oder das „Selbst", eine Manifestation der Gehirnfunktion darstellt, warnte jedoch gleichzeitig davor, psychische mit neuralen Zuständen – also Geist mit Gehirn – gleichzusetzen. In Jacksons Vorstellung bedingt ein Zustand den anderen, weshalb von einem psycho-physischen Parallelismus gesprochen werden kann. In stammesgeschichtlicher Sichtweise bedingt die Entstehung des Geistes bzw. des Selbst jedoch keine neue Form der neuralen Funktion, die im Gehirn etwa neu implementiert werden müsste, vielmehr ist das Selbst eine Manifestation bzw. das Resultat einer komplexeren Koordination, die in tieferen Gehirnregionen noch nicht möglich ist. Das Besondere an diesem Koordinationszentrum ist, dass hier nun ein neues System der „Vereinheitlichung" des gesamten Organismus vorliegt, wodurch der gesamte Organismus auch wieder an die Umwelt angepasst wird. Für die Entstehung des Geistes ist jedoch sehr wohl die Evolution neuer anatomischer Strukturen notwendig, die nach Jacksons Ansicht im präfrontalen Cortex zu finden sind. Das „Selbst" ist dabei nicht als im präfrontalen Cortex „residierend" vorzustellen, sondern diese neue Struktur ermöglicht erst eine komplexere Koordination in dieser von Jackson postulierten „sensomotorischen Maschine". Das Prinzip dieser „komplexeren Koordination" lässt sich am anschaulichsten am Prozess des Bewusstwerdens verdeutlichen. Jackson unterscheidet zwischen Objekt- und Subjektbewusstsein, wobei deren anatomische Substrata den Körper in seiner Gesamtheit repräsentieren. Das ganze Gehirn repräsentiert nicht nur den gesamten Körper, sondern es repräsentiert jede kleine Einheit auch die Gesamtheit, wenn auch verschiedene Aspekte der Gesamtheit von benachbarten Einheiten. Diese Vorstellung der Gehirnorganisation deckt sich mit dem Prinzip eines Hologramms. Im Gegensatz zu den Einheiten, die für das Objektbewusstsein verantwortlich sind, sind die Einheiten für das Subjektbewusstsein höher organisiert und in ihrer Funktionsweise geregelter bzw automatisierter. Jackson veranschaulicht sein Konzept des Bewusstseins anhand der Sensation eines Nadelstiches, wobei es für ihn evident erscheint, dass die bewusste Wahrnehmung des Nadelstiches nicht allein auf den Begriff einer „Sensation" reduziert werden kann. Ebenso wie die Wahrnehmung eines roten

Lichtes, kann auch der Nadelstich nicht als isoliertes sensorisches Phänomen betrachtet werden, sondern er stellt eine Modifikation von Bewusstseinszuständen dar. Der Nadelstich induziert Impulse, die über afferente Nervenfasern zu den höchsten Zentren – die den gesamten Organismus repräsentieren – gelangen, um dort eine „Aktivitätssteigerung" zu induzieren. Die lebhafte, bewusste Wahrnehmung, die mit dieser Aktivierung einhergeht, ist nach Jacksons Theorie synonym mit dem „Objektbewusstsein" zu sehen, das aus einem vorbestehenden „Subjektbewusstsein" gleichsam „herausgedrängt" wird. Die anatomischen Substrata von Subjekt- und Objektbewusstsein erscheinen in dieser Vorstellung als gefensterte Monaden, von denen jede einzelne – in Anlehnung an Jacksons Konzept der motorischen Repräsentanz – einen etwas anderen Aspekt des gesamten Organismus repräsentiert. Der durch den Nadelstich induzierte, eintreffende Impuls findet in der Folge die eigene und passendste Monade, die, gemäß Jacksons Theorie, eben mehr als nur die Sensation und Lokalisation des Stiches repräsentiert. Der Nadelstich macht uns dabei vielmehr unsere gesamte Situation bewusst. Diese Bewusstwerdung vergleicht Jackson mit dem Bild des Erwachens aus einer „Geistesabwesenheit" oder aus einem Tagtraum.

Obwohl Jackson eingesteht, dass seine Vorstellungen über Geist und Bewusstsein spekulativ sind, so korrelieren sie dennoch mit seinen hierarchischen Konzepten des Nervensystems, und bilden den Grundstein für aktuelle Theorien der Bewusstseinsforschung. Die Gültigkeit der Jackson'schen Doktrin und der hierarchischen Organisation des Gehirns wird von der modernen neurologischen Forschung bestätigt. In diesem Zusammenhang konnten hierarchische Organisationsprinzipien nicht nur im motorischen (Swash, 1989) und sensorischen System (Vallbo, 1989), sondern auch in komplexen Strukturen, wie dem visuellen System (Kennard, 1989) und dem Okulomotoriksystem (Kennard, 1989a) nachgewiesen werden. Selbst für die verschiedenen Aspekte von Gedächtnisleistungen liegen Hinweise für eine hierarchische Funktionsweise vor (Baddely, 1989).

2.2 Hierarchische Phänomene in der Neurologie

Die morphologischen und funktionellen Ähnlichkeiten zwischen dem Primatengehirn und dem menschlichen Gehirn lassen auf das Vorhandensein gemeinsamer phylogenetischer Wurzeln schließen. Da die Untersuchung dieser stammesgeschichtlichen Residuen jedoch weder durch naturwissenschaftliche, noch durch psychologische Methoden möglich ist, ist man in der Erfassung homologer Verhaltensweisen auf die vergleichende Morphologie und Verhaltensforschung angewiesen.

Instinktbewegungen gelten im Tierreich als angeborene Verhaltensweisen, die ebenso wie morphologische Merkmale zu den Charakteristika einer bestimmten Art gehören. Beim Menschen finden sich derartige angeborene Phänomene in reiner Form nahezu ausschließlich beim Neugeborenen bzw. Säugling, da die frühe Ontogenese die Stammesgeschichte zumindest teilweise repräsentiert. Beim erwachsenen Menschen finden sich Residuen von Instinkthandlungen noch in rudimentärer Form, etwa in Form des Verbeugens oder des Ziehen des Hutes als Grußgesten, die dem instinktiven Demutsverhalten vieler Säugetiere zugeordnet werden können. Der von Konrad Lorenz an Tieren beobachtete Ablaufmechanismus von Instinkthandlungen (das Appetenzverhalten, das Ansprechen des angeborenen Auslösemechanismus und das Ablaufen der Endhandlung) ist beim Menschen jedoch kaum mehr erhalten (Lorenz, 1937). Im Laufe der Ontogenese werden Instinkthandlungen durch die zu

nehmende Reifung des Zentralnervensystems immer mehr in komplexere reflektorische und Willkürbewegungen integriert. Die zweite Möglichkeit, Instinktbewegungen am Menschen zu beobachten, bieten – nach dem Jacksonschen Prinzip der Dissolution – Zustände, die zu einer zerebralen Läsion, bzw. Krankheitsprozesse, die zu einem Abbau des Gehirns führen. Je nach Ausprägungsgrad der Funktionsstörung des Gehirns treten diese Instinktbewegungen reflektorisch oder automatisch auf. In der induzierten Dissolution der Hirnfunktion werden somit gleichsam phylogenetische und ontogenetische Entwicklungsstufen freigelegt bzw. wiederholt. Diese Rekapitulation verläuft jedoch nicht immer spiegelbildlich, da auf jeder Abbaustufe eine Neuorganisation der Funktionskreise stattfindet.

Erst durch das Aufkommen der vergleichenden Verhaltensforschung wurden diese Instinktbewegungen beim Menschen, die in der klinischen Neurologie zuvor nur als ätiologisch unklare Symptome galten, stammesgeschichtlich erklärbar und einer systematischen Untersuchung zugänglich. In der modernen Neurologie kommt diesen auch als „Primitivreflexen" bezeichneten Phänomenen vor allem eine lokalisatorische Bedeutung zu (Schott & Rossor 2002). Phänomenologisch unterscheidet man neben oralen Instinktbewegungen auch Bewegungen, die den Greif- und Haltefunktionen zuzuordnen sind, sowie Enthemmungen des Sexualverhaltens, des Affektverhaltens und der Ausdrucksbewegungen.

2.2.1 Orale Instinktbewegungen

Im Rahmen der Gehirnentwicklung des Säuglings kommt es zu einer chronologischen Entfaltung vorgegebener zerebraler Funktionsweisen. Auch für die oralen Instinktbewegungen geht dabei die Entwicklung im Rahmen der Ontogenese von automatisch ablaufenden zu reflekto-

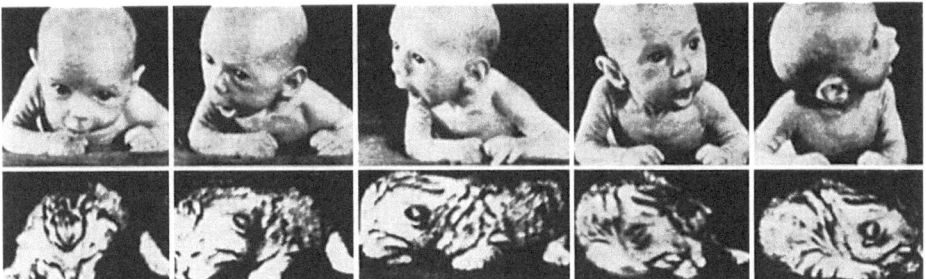

Abb. 13. Kopfpendeln beim menschlichen Säugling und beim Säugetier (Pilleri, 1971) Copyright: S. Karger AG, Basel

rischen – und damit umweltbezogenen – Verhaltensweisen. Als ontogenetisch früheste orale Instinktbewegung ist diesbezüglich das sogenannte „Saugen im Leerlauf" zu nennen, das als Teil des „leerlaufenden Brustsuchens" angesehen werden kann (Peiper & Thomas, 1952). Der orale Automatismus des „Saugens im Leerlauf" ist möglicherweise bereits intrauterin mit dem fetalen Schlucken des Fruchtwassers assoziiert, und kann später auch noch teils bis in die ersten Lebensjahre hinein vor allem beim schlafenden Säugling beobachtet werden. Ein assoziiertes angeborenes Verhalten (Abb. 13) ist das mit dem Brustsuchen verbundene Kopfpendeln (Prechtl & Schleidt, 1950).

Orale Instinktbewegungen wurden entsprechend dem Prinzip der Dissolution des Nervensystems bei Patienten mit verschiedenen Läsionen bzw. Abbauprozessen des Gehirns beobachtet. Dabei korreliert auch die Charakteristik der Bewegungsmuster mit dem Ausmaß der zerebralen Funktionsstörung, sodass automatische Bewegungen vor allem bei ausgeprägtesten, und reflektorische Bewegungen bei geringeren Läsionen hervortreten. Orale Automatismen, die im Erscheinungsbild dem „Saugen im Leerlauf" des Säuglings entsprechen, werden etwa bei Patienten mit höchstgradigem zerebralem Funktionsverlust – dem Zustand der Dezerebration – beschrieben (Poeck & Hubach, 1963). Kopfpendelbewegungen,

die beim Säugling einen Teil des „leerlaufenden Brustsuchens" darstellen, wurden bei einer Patientin mit degenerativem zerebralem Abbauprozess (Morbus Pick) beobachtet (Pilleri, 1960a).

Die Instinktbewegungen des „oralen Greifens" repräsentieren im Vergleich zu den spontanen oralen Automatismen bereits differenziertere angeborene Bewegungskoordinationen, die sowohl bei Säuglingen, bei Primaten und anderen Säugern, sowie bei Patienten mit bestimmten Hirnläsionen auftreten. Orales Greifen entspricht der Tendenz, einen in den Mund eingeführten Gegenstand beißend zwischen Ober- und Unterkiefer festzuhalten (Abb. 14).

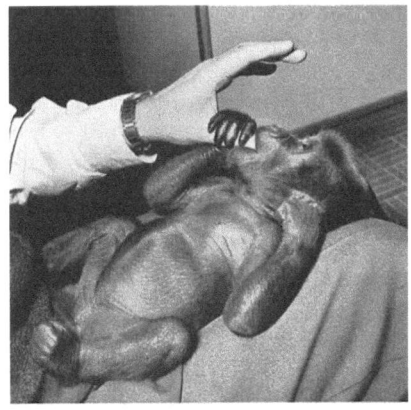

Abb. 14. Orales Greifen beim Gorillasäugling (Pilleri & Poeck, 1964). Copyright: S. Karger AG, Basel

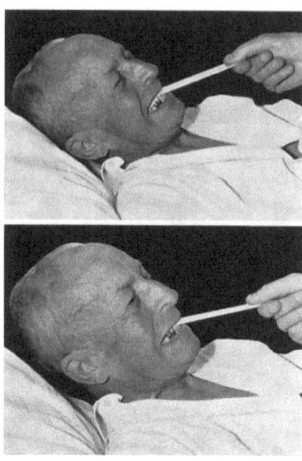

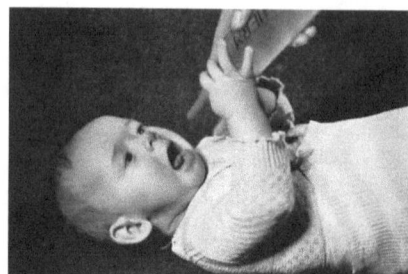

Abb. 17. Optisch ausgelöstes orales Greifen beim Säugling (Pilleri & Poeck, 1964). Copyright: S. Karger AG, Basel

Abb. 15. Bulldog-Reflex bei einem Patienten mit diffuser Hirnatrophie (Pilleri & Poeck, 1964). Copyright: S. Karger AG, Basel

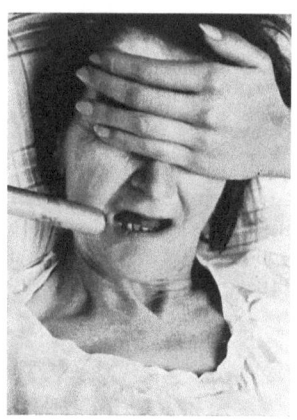

Abb. 16. Taktil ausgelöstes Mundrichten (rooting) bei einer Patientin mit Pick Atrophie (Pilleri & Poeck, 1964). Copyright: S. Karger AG, Basel

Dieses Phänomen ist bereits beim Neugeborenen zu beobachten und kann taktil sowohl durch propriozeptive Reize (d.h. durch Berührung der Lippen), als auch durch exterozeptive Reize (z.B. Berührungen der perioralen Region, der Ohr- oder Nackenregion) ausgelöst werden. Charakteristisch für das orale Greifen ist, dass das tonische Festhalten des Objektes im Mund durch Zug am Gegenstand noch

verstärkt wird, sodass man dieses Phänomen auch als „Bulldog-Reflex" bezeichnet (Abb. 15).

Bei der Berührung von Mund- und Wangenregion kann es des Weiteren zur Erscheinung des „Mundrichtens" (rooting) kommen, bei der sich der Mundwinkel zunächst zur Seite der Reizeinwirkung verzieht und in der Folge zum Mundöffnen führt (Abb. 16).

Durch optische Reize ausgelöstes orales Greifen stellt im Vergleich zu den taktil ausgelösten Reaktionen eine schon weiter differenzierte Instinktbewegung dar, die beim Säugling erst etwa ab dem 4. Lebensmonat auftritt (Abb. 17).

Tierbeobachtungen belegen, dass orale Greifbewegungen auch bei Gorillasäuglingen initial nur taktil und erst etwa ab dem 3. Lebensmonat auch durch optische Reize auslösbar sind (Lang & Schenkel, 1960–61).

In topodiagnostischer Hinsicht wurden Instinktbewegungen des oralen Greifens vor allem bei temporalen, insbesondere bei mediobasal betonten Hirnläsionen beschrieben (Pilleri 1961). Korrelierend mit diesen Befunden ist die Tatsache, dass orale Automatismen wie Schlucken, Schmatzen oder Kauen spezifische Symptome der Temporallappenepilepsie darstellen. Zusätzlich können dieselben motorischen Phänomene auch durch elektrische Reizung des Temporallappens hervorgerufen werden. Eine Läsion im Bereich der kortikalen Repräsentanzen der Kau-, Mund-, bzw. mimischen Muskulatur (oder der efferenten kortiko-pontinen Bahnen) führt zwar zu einer zentralen Lähmung der entsprechenden Muskeln, jedoch nicht zu den genannten oralen Automatismen. Letztere werden somit nicht durch Unterbrechung der willkürmotorischen Bahnen freigesetzt, sondern durch temporale Läsionen enthemmt und damit klinisch sichtbar. Analog zum chronologischen Auftreten der Instinktbewegungen beim Säugling, kommt es bei langsam fortschreitenden Hirnläsionen (etwa bei zerebralen Abbauprozessen) zu einem spiegelbildlichen Wiederauftreten der oralen Bewegungsmuster, in Abhängigkeit vom Ausmaß der Funktionsstörung. Bei geringgradiger Schädigung wird somit zunächst nur optisch auslösbares orales Greifen, bei zunehmender zerebraler Störung dagegen taktil auslösbares orales Greifen manifest (Pilleri, 1961). Im Endstadium von Abbauprozessen kommt es schließlich wieder zum Auftreten von automatischen Bewegungsmustern wie Brustsuchen und Saugen im Leerlauf. Die sukzessive funktionelle Dissolution des zentralen Nervensystems auf verschiedensten hierarchischen Ebenen führt somit klinisch nachvollziehbar zu einer (nahezu spiegelbildlichen) Rekapitulation sowohl der Onto- als auch der Phylogenese.

2.2.2 Instinktives Greifen und Halten

Auch bei den Instinktbewegungen des Greifens gelten die automatischen Bewegungsmuster als die primitivsten bzw. undifferenziertesten motorischen Abläufe. Die bei Säuglingen in Rückenlage beobachtbaren alternierenden Auf- und Abbewegungen beider Arme – wobei gleichzeitig die Hände geöffnet und geschlossen werden – gelten in der Literatur als Kletterautomatismen (Prechtl, 1953). Da diese Automatismen nicht bei allen Säuglingen nachweisbar sind, wird vermutet, dass sich diese Phänomene beim Menschen bereits im phylogenetischen Abklingen befinden. Die stammesgeschichtliche Bedeutung der Kletter- und Greifschablonen ist für das Neugeborene in der ursprünglichen Funktion des Festklammerns am Mutterpelz zu suchen, ebenso zweckdienlich waren diese Automatismen für die erwachsenen Vorfahren des Menschen für die Fortbewegung in den Bäumen. Dazu passend ist der Umstand, dass Kletterautomatismen nur bei baumkletternden Schimpansen, Orang-Utans und Gibbons nachzuweisen sind.

Über das Auftreten von Kletterautomatismen bei Hirnläsionen gibt es einzelne Fallberichte von Patienten im Endstadium zerebraler Abbauprozesse (Pilleri, 1960b).

Analog zu den oralen Instinktbewegungen können auch die instinktiven Greifbewegungen propriozeptiv (durch Dehnung der Fingerbeuger) oder exterozeptiv (durch Berührungsreize an der Handfläche) ausgelöst werden. Bei der Dehnung der Fingerbeuger kommt es zu einem reflektorischen Schließen der Finger, das zu einem tonischen Festhalten des Gegenstandes führt. Diese Bewegungskoordinationen gehören zu den angeborenen motorischen Schablonen des Säuglings, wobei neben Handgreifreflexen auch schwächer ausgeprägte Fußgreifreflexe (oder „podale" Greifreflexe) beobachtet werden können (Wieser 1957a). Beide Reflexe erscheinen in gleicher Intensität nur bei Frühgeburten. Die ungleiche Ausprägung beider Greifreflexe beim reifen Säugling ist phylogenetisch durch die Umwandlung des Fußes vom Greifwerkzeug zum Gehwerkzeug zu erklären. Die podalen Greifreflexe sind dadurch ebenso wie die Kletterautomatismen beim Menschen in phylogenetischer Hinsicht in Rückbildung begriffen. Bei allen baumlebenden Primaten sind die tonisch propriozeptiven Greifreflexe entsprechend gut entwickelt (Abb. 18).

Abb. 18. Propriozeptiver Hand- und Fußgreifreflex bei einem neugeborenen Orang-Utan (Pilleri & Poeck, 1964). Copyright: S. Karger AG, Basel

Bei hirngeschädigten Patienten kann es im Rahmen des Wiederauftretens der Greifreflexe zu einem derartigen Festhalten von Gegenständen bzw. Objekten kommen (Abb. 19), dass der Kranke mitunter von der Unterlage hochgehoben werden kann (Wechsler, 1936).

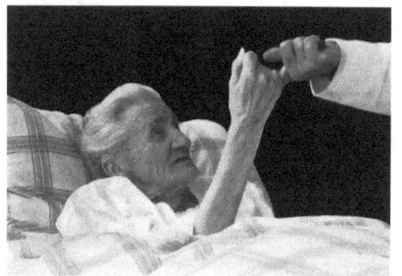

Abb. 19. Propriozeptiver Handgreifreflex bei einer Patientin mit Morbus Alzheimer (Pilleri, 1971). Copyright: S. Karger AG, Basel

Die Instinktbewegung des sogenannten „Nachgreifens" erfolgt erst durch optische Auslösung der Greifbewegung, also durch Hinbewegung oder Wegziehen eines Objektes. Diese Funktion setzt bereits eine (visuelle) Interaktion mit der Umwelt voraus und wird demnach beim Menschen erst im 3.–4. Lebensmonat nachweisbar, gleichzeitig werden taktile Instinktbewegungen vermindert auslösbar. Beobachtungen an

Primaten konnten dieses chronologische Prinzip der Instinktbewegungen ebenfalls bestätigen (Lang & Schenkel, 1960–61). Beim hirngeschädigten Patienten kann das Nachgreifen ebenfalls durch einen bewegten Gegenstand induziert werden, dabei kann noch vor Erfassung des Objektes durch den Patienten eine (Zuwendungs-) Bewegung ausgelöst werden, die unter Umständen sogar den gesamten Körper miteinbezieht (Wieser, 1957b).

Lokalisatorisch treten instinktive Greifbewegungen bei Läsionen der Präzentralregion des Frontallappens auf, während Herde im Temporallappen nicht damit verbunden sind (Fulton, 1934). Ähnlich wie bei den oralen Schablonen werden demnach Greifbewegungen nicht durch Läsionen der Pyramidenbahn hervorgerufen, sondern durch Unterbrechung anderer hemmender (in dem Fall der Greifbewegungen frontaler) Bahnen. Ebenso gilt für die Manifestation der Greifreflexe, dass die Onto- bzw. Phylogenese bei progredientem zerebralem Abbau in nahezu spiegelbildlicher Weise wiederholt wird. Geringgradige Hirnschädigungen führen zu optisch ausgelöstem Nachgreifen, während mäßiggradige Läsionen zu taktil auslösbaren Greifbewegungen führen und im Endstadium zerebraler Abbauprozesse wieder automatische Greifbewegungen auftreten.

2.2.3 Enthemmung des Sexualverhaltens

Die zuvor beschriebenen instinktiven Bewegungsformen des Greifens, sowie des oralen Greifens sind aus ethologischer Sicht dem Endteil von Instinkthandlungen zuzuordnen, nämlich den sogenanten Endhandlungen, bzw. consummatory acts. Liegt nun primär eine Störung des Triebes vor, so äußert sich diese durch einen pathologischen Ablauf der gesamten Instinkthandlung, die sowohl das sexuelle, als auch das affektive Verhalten betreffen kann.

Hirnschädigungen, die zu einer Enthemmung des sexuellen Triebverhaltens führen, sind vor allem im medialen Temporallappen lokalisiert. Die Symptomatik kann sich dabei je nach Ausprägungsgrad von einer rein verbalen Enthemmung bis zu einem extrem gesteigerten sexuellen Bedürfnis, das teilweise mit Dauererektionen und exzessiver Masturbation assoziiert sein kann, erstrecken. In diesem Zusammenhang ist auch zu bemerken, dass sexuelle Erscheinungen wie Erektionen, sexuelle Erregung oder masturbatorische Akte Symptome einer psychomotorischen Epilepsie darstellen können, deren Anfallsursprung ebenfalls im medialen Temporallappen zu finden ist. Neben dieser Lokalisation wurde gesteigertes Triebverhalten beim Menschen auch bei Läsionen des Hypothalamus, selektiven bilateralen Läsionen des Hippocampus, sowie der Amygdala beschrieben. Im Rahmen der Rabies (Tollwut), deren Herde vorwiegend im Hippocampus lokalisiert sind, kann es mitunter zu exzessivem Sexualverhalten mit Nymphomanie und Satyriasis kommen.

Masturbatorisches Verhalten, teils auch mit exzessiver Symptomatik, ist aus Tierbeobachtungen – insbesondere bei Primaten – eingehendst dokumentiert, wurde jedoch auch bei Huftieren, Karnivoren und sogar bei einigen Vogelarten beschrieben.

Anales Verhalten, also die Beschäftigung mit den Faeces, gehört ebenfall in das angeborene Verhaltensrepertoire des Säuglings, das nicht nur in psychoanalytischer Hinsicht unter den Begriff des triebhaften Verhaltens eingereiht werden kann. Bei zerebralen Abbauprozessen kann es in dieser Hinsicht zum Wiederauftreten von Handlungen wie Encopresis, Kotschmieren und sogar Koprophagie kommen, sodass auch hier von einer Hemmung des genannten Verhaltens im Zuge der Ontogenese ausgegangen werden kann. Über anale Verhaltensweisen bei Primaten liegen wenige empirische Daten vor, bei Nagetieren wurden jedoch bereits Phänomene wie Koprophagie beschrieben.

2.2.4 Enthemmung des Affektverhaltens

Aus der Sicht der Ethologie ist Aggressivität bei Tieren ein integrativer Bestandteil ihres Sozialverhaltens, und dadurch auch ein essentieller Faktor in der natürlichen Selektion. Beim Menschen wurde dieser Affektzustand im Rahmen der kulturellen Entwicklung einer deutlichen Hemmung und Sublimierung unterzogen. In dieser Hinsicht stellen somit Phänomene der Enthemmung des Wutverhaltens beim Menschen eine phylogenetische Regression dar. Patienten mit einer derartigen Symptomatik reagieren bei geringsten Anlässen mit massiven Erregungszuständen in Form von aggressiven Handlungen bis zu Tätlichkeiten. Die Wutausbrüche selbst, werden von den Patienten oft als „Zorn, der wider ihren Willen" auftrete, beschrieben. Von normalen menschlichen Zornausbrüchen unterscheidet sich dieses pathologische Wutverhalten dadurch, dass es unspezifisch auslösbar ist, im Ausmaß überschießend und im Ablauf ungesteuert und nicht durchbrechbar ist. Die fehlende Ermüdbarkeit ist ein weiteres Kennzeichen dieses pathologischen Verhaltens. Dieselben Kriterien gelten im Übrigen auch für die zuvor besprochenen motorischen Enthemmungsphänomene.

Die zerebralen Läsionen, die beim Menschen zur Enthemmung des Wutverhaltens führen, sind vornehmlich in mitteliniennahen Strukturen, insbesondere in der Septumregion und im Hypothalamus lokalisiert. Zudem existieren Berichte über Aggressionssymptome bei beidseitigen medialen Temporallappenschädigungen (Bingley, 1958). Läsionen bzw. elektrische Reizungen der gleichen zerebralen Regionen an Tieren führen ebenfalls zu denselben pathologischen Wutreaktionen wie beim Menschen (Hess, 1949). Ausgedehnte Abtragungen des Vorderhirns induzieren bei Tieren dagegen das Phänomen der Pseudowut (sham rage), bei der lediglich die motorischen und vegetativen Komponenten der Wutreaktion auftreten, die eigentliche affektive Reaktion – soweit im Tierversuch erhebbar – jedoch nicht mehr beobachtet werden kann (Cannon, 1953). Die Symptome der Pseudowut wurden auch bei Patienten mit mittelliniennahen zerebralen Läsionen, die zu einer Unterbrechung von Bahnen zwischen Vorderhirn und Hirnstamm führten, beschrieben (Wortis & Maurer, 1942).

Zustände, die mit einer Verminderung des Affektes und des Antriebs in Form von besonderer Sanftheit, Lenkbarkeit und Aspontanität vergesellschaftet sind, wurden beim Menschen ebenfalls beschrieben. Im Tierversuch konnte eine derartige Affektminderung bzw. „placidity" nach beidseitiger medialer Temporallappenresektion und bilateraler Amygdalaläsion induziert werden (Schreiner & Kling, 1956). Beim Menschen existieren Fallberichte mit dieser Affektstörung, die mit beidseitigen Läsionen des Gyrus cinguli und der medialen Temporallappenstrukturen assoziiert waren. Da es bei dieser Störung nicht nur zu einer Veränderung des Affektes, sondern auch des Antriebs kommt, kann hier nicht von einer analogen Pathologie wie bei den enthemmten Wutreaktionen ausgegangen werden. Zudem sind diesbezüglich keine homologen Verhaltensweisen aus der Phylogenese bekannt. In hirntopographischer Hinsicht ist es interessant zu bemerken, dass diejenigen Hirnareale im limbischen System, deren Läsion aggressives Verhalten enthemmt, ein deutlich größeres Areal umfassen, als jene, nach deren Schädigung eine Affektminderung mit extremer Sanftheit resultiert. Diese deutlichen Unterschiede auf anatomischer Ebene unterstreichen die biologische Bedeutung der Aggression im Sozialverhalten.

2.2.5 Enthemmung des Ausdrucksverhaltens

Für das Sozialverhalten des Menschen sind neben der Sprache auch die Ausdrucksbewegungen des Lachens und des Weinens bedeutsam. Während Teile dieses Ausdrucksverhaltens angeboren sind, reifen andere Komponenten im Zuge der Ontogenese erst heran, um schließlich eine dauerhafte Verbindung mit dem Affektsystem einzugehen. Für die Annahme, dass es sich bei Lachen und Weinen – zumindest teilweise – um Instinkthandlungen handelt, spricht die Tatsache, dass auch blind geborene Kinder lächeln. Phänomenologisch kann beim Neugeborenen zunächst das sogenannte „Schreiweinen" beobachtet werden, das initial tränenlos abläuft. Weinen ohne Schreien setzt erst nach einigen Monaten ein. Das Lächeln bzw. Lachen erscheint als spätere und damit reifere Manifestation der Ausdrucksbewegungen.

Im Zuge der Ontogenese scheinen die Ausdrucksbewegungen initial vor allem Zeichen einer vegetativen Reaktion zu sein, während sie später zunehmend Ausdruck des affektiven Erlebens werden. Charakteristisch für ausdifferenzierte Ausdrucksbewegungen ist zudem das Ansprechen auf Stimulation von außen. Der Wandel des Erscheinungsbildes dieser Instinktbewegungen legt den Schluss nahe, dass das neurale Substrat dieser Schablonen auf verschiedenen Ebenen des Gehirns lokalisiert ist und in zeitlichen Abständen voneinander reift. Die lebenswichtigen mimischen Reaktionen der Unlust scheinen bereits auf Hirnstammebene zu Beginn der Ontogenese organisiert zu sein, während die Reaktionen des Lächelns bzw. des Lachens – die vor allem auf vermehrte soziale Interaktion abzielen – in höheren Hirnregionen repräsentiert sind.

Bei Primaten, insbesondere bei Schimpansen, sind dem Lachen und Weinen vergleichbare Ausdrucksreaktionen beschrie-

Abb. 20. Lachender Schimpanse (Pilleri, 1971). Copyright: S. Karger AG, Basel

ben worden, sowohl auf äußere Stimuli, als auch als spontane Verhaltensweise (Abb. 20).

Diese Tiere reagieren somit bei Situationen, die für den Menschen jeweils affektiv nachvollziehbar sind, mit Lachen oder Weinen. Das Weinen der Affen bleibt jedoch immer tränenlos, ebenso wie das Schreiweinen des Menschensäuglings. Die Entwicklung der Ausdrucksbewegungen verläuft bei den Primaten in derselben Reihenfolge wie beim menschlichen Säugling: Vom undifferenzierten Schreiweinen, über das Lächeln zum Lachen.

Die instinktiven Ausdrucksbewegungen sind beim erwachsenen Menschen nur bei entsprechenden Hirnläsionen als Enthemmungsphänomene im Sinne des sogenannten „pathologischen Lachens und Weinens" sichtbar (Poeck & Pilleri, 1963). Klinisch kommt es bei den betroffenen Patienten auf unspezifische äußere Stimuli zu unbeherrschbarem, plötzlich einsetzendem und nicht gesteuertem Lachen oder Weinen, mit entsprechenden akustischen, respiratorischen und vegetativen Erscheinungen. Die Patienten erleben die Symptomatik auch als eine nicht dem momentanen Affektzustand konforme Äußerung. In manchen Fällen kommt es im Verlauf auch zu einem Übergang von Lachen in Weinen, und umgekehrt (Abb. 21).

Pathologisches Lachen kann fallweise auch als Symptom eines epileptischen Anfalles auftreten, beim Auftreten ausschließlicher „Lachanfälle" spricht man von „gelastischer Epilepsie".

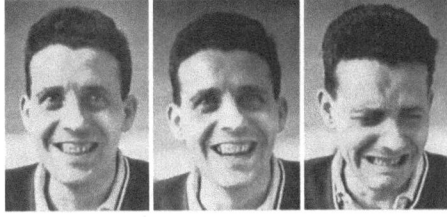

Abb. 21. Pathologisches Lachen (links), das über ein Zwischenstadium (Mitte) in pathologisches Weinen übergeht (Pilleri & Poeck, 1964). Copyright: S. Karger AG, Basel

2.2.6 Das Schnauz- oder Schippenphänomen

Eine nicht eindeutig kategorisierbare Instinktbewegung ist das bereits von Charles Darwin beschriebene Schnauz- bzw. Schippenphänomen („pursing of the lips", Darwin 1872). Bei diesem Erscheinungsbild kommt es spontan oder auf periorale Berührung zu einer rüsselartigen Vorstülpung der Lippen, ohne dass diese jedoch fest verschlossen würden oder gar mit Saugbewegungen assoziiert wären. Das Phänomen tritt bei Neugeborenen spontan auf, und wird bis in die ersten Lebensjahre hinein beobachtet; fallweise kann es bei gesunden Erwachsenen im Zustand erhöhter Konzentration sichtbar werden. Bei Primaten tritt diese Bewegung bei verschiedenen Zuständen, sowohl bei Gereiztheit, Widerwillen, aber auch in Phasen erhöhter Aufmerksamkeit auf (Abb. 22).

Abb. 22. Schnauzphänomen beim Schimpansen (Pilleri, 1971). Copyright: S. Karger AG, Basel

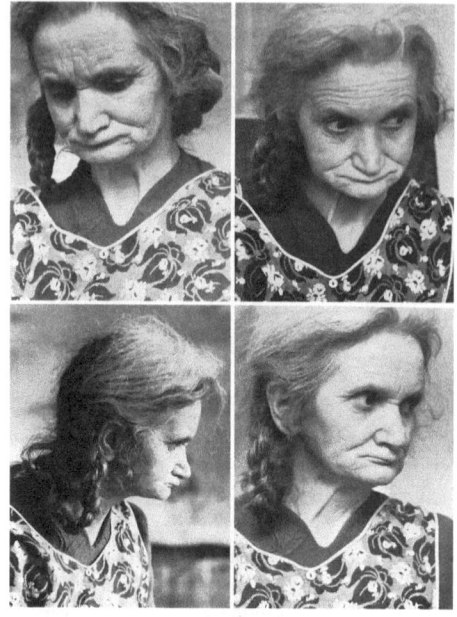

Als Enthemmungszeichen wird das
Schnauzphänomen bei diffusen zerebralen
Abbauprozessen beobachtet (Abb. 23).

Die meisten Autoren gehen mit der
Auffassung Darwins konform, dass dieses
Zeichen zu den instinktiven Ausdrucksbewegungen, und nicht zu den (oralen) Instinktbewegungen der Nahrungsaufnahme
zu zählen ist.

Abb. 23. Schnauzphänomen bei einer Patientin
mit Morbus Alzheimer (Pilleri, 1971). Copyright: S.
Karger AG, Basel

3. Hierarchische Konzepte in der Neuroethologie

3.1 Ein evolutionärer Ansatz der Gehirnfunktion

Erste Theorien hinsichtlich einer hierarchischen Organisation des Verhaltens wurden bereits von der Verhaltensforschung Mitte des letzten Jahrhunderts aufgestellt. Tinbergen geht in seinem Konzept der „Instinkthierarchie" davon aus, dass es über- und untergeordnete Triebe gibt. Er definiert Instinkt als „hierarchisch organisierten, nervösen Mechanismus, der auf bestimmte vorwarnende, auslösende und richtende Impulse, sowohl innere wie äußere, anspricht und sie mit wohlkoordinierten, lebens- und arterhaltenden Bewegungen beantwortet." Der hierarchischen Organisation des Verhaltens liegt diesen Anschauungen zufolge eine entsprechende hierarchische Struktur funktioneller Instanzen des Gehirns zugrunde (Tinbergen, 1951). Weiss hat diesbezüglich bereits 1941 eine mit dem Verhalten korrelierende zentralnervöse Hierarchie postuliert, die sich aus mehreren Integrationszentren zusammensetzt. Dieses Konzept erinnert in seiner Form sehr an das hierarchisch-neurologische Konzept von Hughlings Jackson (Weiss, 1941). Ein topisch differenzierteres Hierarchiemodell wurde von Baerends vorgestellt (Abb. 24), das die Vernetzung der Systeme untereinander hervorhebt und davon ausgeht, dass hierarchisch untergeordnete Zentren oft von mehreren übergeordneten kontrolliert werden (Baerends, 1956).

Die empirische Bestätigung der hierarchischen Organisation von Gehirn und Verhalten auf neuraler Ebene gelang erst durch die neurobiologischen Daten der Neuroethologie.

Eine Theorie der Hirnfunktion aus evolutionärer bzw. hierarchischer Sicht erfordert sowohl einen reduktionistischen, als auch einen holistischen Zugang. Konvergierende Daten aus der vergleichenden Anatomie, der Paläontologie, sowie der Ontogenese belegen, dass es im Zuge der Phylogenese des Menschen vor allem zu einem Wachstum des Vorderhirns (Prosencephalon) –

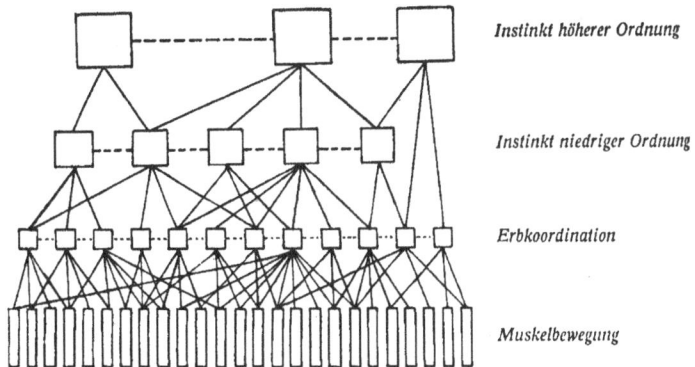

Abb. 24. Hierarchisches Organisationsschema des Verhaltens nach Baerends (Baerends, 1956). Mit freundlicher Genehmigung von Prof. Irenäus Eibl-Eibesfeldt.

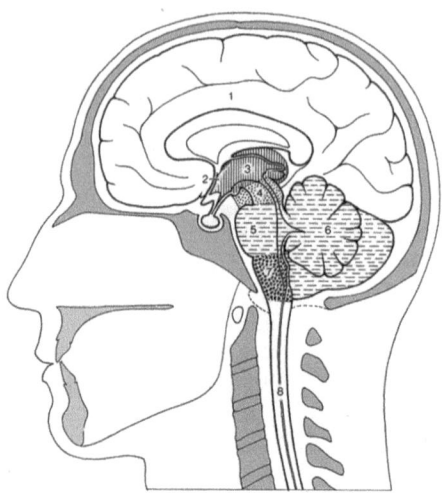

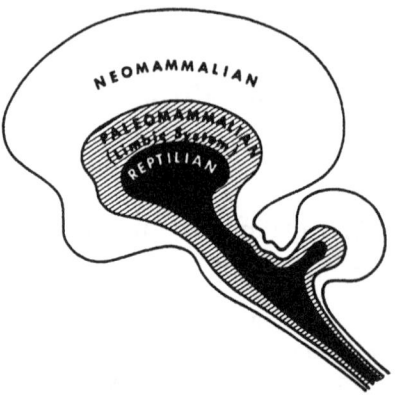

Abb. 26. Das Triune Brain Modell von Paul Mac-Lean (MacLean, 1990) Copyright: Springer Verlag

Abb. 25. Neuroanatomie des Zentralnerven-systems. The Human Central Nervous System (Nieuwenhuys et al., 2007). Copyright: Springer Verlag

1 Telencephalon
2 Telencephalon impar ⎱ Prosencephalon
3 Diencephalon ⎰
4 Mesencephalon
5 Pons
6 Cerebellum
7 Medulla oblongata,
8 Medulla spinalis

das sich aus End- oder Großhirn (Telence-phalon) und Zwischenhirn (Diencephalon) zusammensetzt – kam (Abb. 25).

Gleichzeitig wurden jedoch auch Ge-meinsamkeiten dreier neuraler Verbände, die das phylogenetische Erbe von Reptilien, niederen und höherentwickelten Säuge-tieren darstellen, beibehalten, sodass man in evolutionärer Sicht hier zwischen ei-nem sogenannten Reptiliengehirn, Paläo-Säugetiergehirn und Neo-Säugetiergehirn differenziert. Nach den Theorien der evolu-tionären Neuroethologie (MacLean, 1990) bilden diese Verbände, obwohl sie sich in ihrer Struktur und Neurochemie deutlich voneinander unterscheiden und in evoluti-onärer Hinsicht Äonen voneinander ent-fernt sind, eine Einheit, entsprechend ei-nem Konglomerat aus drei Gehirnen. Nach

Paul MacLean handelt es sich beim men-schlichen Gehirn aus evolutionärer Sicht somit um ein „Triune Brain" (Abb. 26). Trotz der Tatsache, dass die Verbände un-tereinander hochgradig vernetzt sind, gibt es auch Hinweise für eine voneinander unabhängige Funktionsweise. Eine Beson-derheit in diesem Hinblick ergibt sich aus dem Umstand, dass die beiden älteren neu-ralen Verbände strukturell und funktionell keine Möglichkeit des Austausches ver-baler Information besitzen.

Die drei Gehirnformationen des „Triune Brain" können als drei evolutionäre neurale Systeme vorgestellt werden, die miteinan-der in Verbindung stehen. Gleichzeitig be-sitzt jedoch jedes System seine eigene Form der Intelligenz, seine eigene Subjektivität und Gedächtnis, sowie eigene Gefühle von Zeit und Raum. Die Vernetzung und Inter-aktionen der einzelnen Verbände unterein-ander bedingen zudem, dass die Gesamt-heit des Gehirns in funktioneller Sicht mehr darstellt, als nur die Summe der einzelnen Anteile. Die topographische Struktur des „Triune Brain" sollte nicht dahingehend missinterpretiert werden, dass es sich um eine rein chronologische Schichtung neu-raler Verbände handelt, ähnlich geolo-gischen Schichten von Felsformationen. Ebenso irrig ist die Annahme, dass etwa das

phylogenetische Korrelat des Reptiliengehirns der Säugetiere demjenigen der derzeit existierenden Reptilien entspricht, dies
würde die evolutionäre Entwicklung dieser
Verbände vollkommen unberücksichtigt
lassen.

In der gegenwärtigen neurobiologischen
Grundlagenforschung bestehen keinerlei
Zweifel, dass die am Tiermodell auf zellulä-
rer und molekularer Ebene erhobenen Daten auch auf die Biologie des menschlichen
Körpers anzuwenden sind. Umso verwun-
derlicher sind in dieser Hinsicht die Zweifel mancher Wissenschafter, wenn es um
den Vergleich bzw. die Homologisierung
von tierischen und menschlichen Verhaltensweisen geht. Die evolutionäre Neuroethologie verfolgt nicht nur das Ziel, die
Methoden der vergleichenden Verhaltensforschung mit der Neurobiologie zu ver-
binden, sondern sie ermöglicht zudem eine neue Form der Erkenntnistheorie. Im
Gegensatz zu dem der Philosophie zugehörigen Forschungsgebiet der Epistemo-
logie, die von der Erkenntnismöglichkeit
des Subjektes handelt, beschäftigt sich die
evolutionäre Neuroethologie mit dem Ver-
hältnis des subjektiven Selbst zur inneren
Welt und zur äußeren Realität. Als einzige Wissenschaft wird diesem Forschungs-
anspruch derzeit allein die Psychoanalyse gerecht, die von naturwissenschaftli-
cher Seite allerdings häufig der Kritik
der Unwissenschaftlichkeit ausgesetzt ist.
Paul MacLean schlug für eine solche For-
schungsrichtung, die, unter Einbeziehung
der psychologischen, ethologischen und
neurowissenschaftlichen Disziplinen, um
Erklärungsmöglichkeiten der Beziehung
des Selbst zu innerem Erleben und äußerer
Realität bemüht ist – analog zur Episte-
mologie – den Begriff der „epistemics" vor
(MacLean, 1975a).

Die Beschreibung von Verhaltensweisen,
die hirntopographisch den phylogenetisch
älteren neuralen Verbänden zuzuordnen
sind, erfordert eine eigene Begrifflichkeit
des non-verbalen Verhaltens, um vor allem

eine Homologisierung zwischen menschlichen und tierischen („non-verbalen") Verhaltensmustern zu gewährleisten. Die vergleichende Verhaltensforschung war die
erste wissenschaftliche Disziplin, die sich
mit der Homologisierung von non-verba-
lem Verhalten bei Mensch und Tier beschäftigte. Der Pionier der evolutionären
Neuroethologie, Paul MacLean, schlug zur
Beschreibung des menschlichen als auch
tierischen non-verbalen Verhaltens den Begriff des prosematischen Verhaltens („prosematic behavior") vor, wobei darunter
auch non-verbale Kommunikation mittels
körperlicher, akustischer oder chemischer
Signale verstanden wird (MacLean, 1977).

Das Interesse der evolutionären Neuroethologie liegt in der Identifizierung von
neuralen Verbänden im Vorderhirn, die mit
prosematischen Verhaltensweisen (die wiederum Ausdruck sogenannter paläopsychischer Prozesse sind) assoziiert sind. Paul
MacLean führte zur Beschreibung sogenannter paläopsychischer Prozesse die
Begriffe „protomentation" und „emotional
mentation" ein. Der Terminus Protomentation bezieht sich dabei auf psychische
Funktionen, die mit der Regulierung basaler Verhaltensroutinen und bestimmten
Verhaltensmustern der non-verbalen Kommunikation befasst sind. Der Begriff der
Emotomentation beschreibt dagegen eine
psychische Tätigkeit, die Verhalten aufgrund der subjektiven Wahrnehmung von
Emotionen reguliert bzw. beeinflusst. In
Analogie zu diesen non-verbalen Funktionsweisen würde die „Ratiomentation"
somit der rationalen, selbst-bewussten
Tätigkeit des menschlichen Neocortex entsprechen, die als einzige die Möglichkeit
der sprachlichen Kommunikation besitzt.

Nach MacLean werden die Gehirnformationen des Vorderhirns – ihrem evolutionären Aufbau und ihren unterschiedlichen Verhaltensfunktionen entsprechend
– in drei neurale Verbände unterteilt: Das
Reptiliengehirn oder die proto-Reptilien-
Formation (R-Komplex), das Paläo-Säuge-

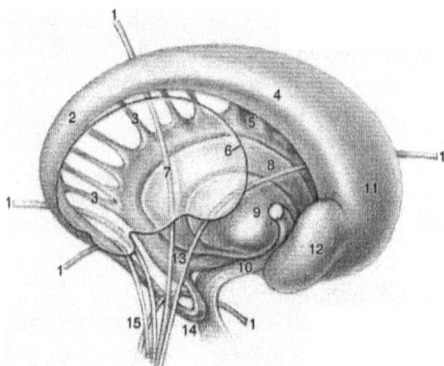

Abb. 27. Die Strukturen der Basalganglien. The Human Central Nervous System (Nieuwenhuys et al., 2007). Copyright: Springer Verlag

1 Corona radiata
2 Cauda des Nucleus caudatus
3 Pontes grisei caudatolenticularis
4 Corpus des Nucleus caudatus
5 Putamen
6 Thalamus
7 Capsula interna
8 Globus pallidus lateralis
9 Globus pallidus medialis
10 Commissura anterior
11 Caput des Nucleus caudatus
12 Nucleus accumbens
13 Pedunculus des Nucleus lentiformis
14 Verbindung der Cauda mit 13
15 Pedunculus cerebri

men des 19. Jahrhunderts eine wichtige funktionelle Bedeutung beimaßen. Morphologisch handelt es sich beim Reptiliengehirn um umschriebene Gebilde grauer Substanz in den basalen Anteilen des Vorderhirns. Bei den Primaten können diese Strukturen anatomisch dem Olfactostriatum, Corpus Striatum (das aus Nucleus Caudatus und Putamen gebildet wird), dem Globus Pallidus, der Substantia Innominata und dem Nucleus Basalis Meynert zugeordnet werden. In der neurologischen Terminologie werden diese Verbände als Teil der Basalganglien bezeichnet bzw. zusammengefasst, und stellen beim Menschen die zentralen Einheiten des sogenannten extrapyramidal-motorischen Systems dar (Abb. 27). Da das Reptiliengehirn jedoch nicht alle Gehirnstrukturen der Basalganglien umfasst (zB. das Claustrum), wurde von MacLean zur Abgrenzung von diesen, der Begriff des „Striatalen Komplexes" bzw. des R-Komplexes vorgeschlagen (MacLean, 1973).

Die Extinktion der Therapsiden, der vermutlichen Vorfahren der Säugetiere, verhindert eine direkte neuroethologische Untersuchung und Homologisierung von R-Komplex-spezifischen Verhaltensweisen. Diese reptilienartigen Therapsiden besiedelten bis vor etwa 190 Millionen Jahren den damaligen Megakontinent Pangea und waren als Vorfahren der Säugetiere (diese Vermutung beruht auf paläobiologischen Daten) mit einer Art „proto-striatalem Komplex" ausgestattet, der mit der Evolution basaler Verhaltensroutinen einherging (Abb. 28)

Eine Möglichkeit der vergleichenden neuroethologischen Untersuchung R-Komplex-assoziierter Verhaltensweisen ergibt sich bei der Untersuchung des Verhaltens von Eidechsen, da diese von allen lebenden Reptilien die weitaus höchste Ähnlichkeit mit den reptilien-artigen Vorfahren der Säugetiere aufweisen.

Tatsächlich verweisen vergleichende anatomische Studien an Embryonen von

tiergehirn, das dem limbischen System zuzuordnen ist, sowie das Neo-Säugetiergehirn, das dem Neocortex entspricht.

3.2 Das Reptiliengehirn (R-Komplex)

Dieser älteste Teil des Vorderhirns entwickelte sich vor etwa 300 Millionen Jahren als spezifische Gehirnformation der reptilienartigen Vorfahren der Säugetiere, den Therapsiden.

Die neuralen Verbände des R-Komplexes zeigen im Laufe der evolutionären Entwicklung erstaunliche strukturelle Konstanz, weshalb ihnen bereits Neuroanato-

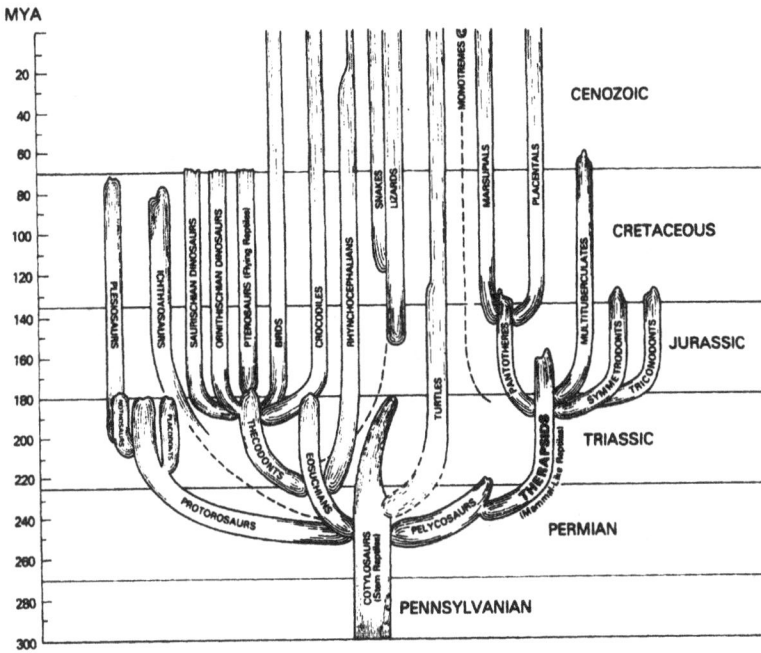

Abb. 28. Darstellung der Phylogenese der Reptilien und Säugetiere (MacLean, 1990). Copyright: Springer Verlag

Eidechsen, Vögeln und Säugetieren darauf, dass gewisse Homologien in der Struktur des sich entwickelnden striatalen Komplexes nachweisbar sind (Kallen, 1951). Obwohl der biogenetische Grundsatz von Haeckel, nämlich dass die Ontogenese die Phylogenese rekapituliert, nicht vorbehaltlos übernommen werden kann, bestätigen doch zeitgenössische Auseinandersetzungen mit diesem Prinzip erstaunliche Übereinstimmungen (Gould, 1977). Neuere vergleichend-anatomische Daten sprechen eindeutig dafür, dass die Struktur des striatalen Komplexes (Abb. 29) – ausgehend von einem rudimentären Ansatz bei Amphibien – bei Reptilien und Säugetieren erstaunliche Konstanz, im Sinne eines fundamentalen Schemas, aufweist (Marín, 1998).

Neuroanatomische Daten belegen zudem, dass es im Laufe der Evolution zu einer deutlichen Zunahme der Afferenzen und Efferenzen des Striatalen Komplexes

kam. Das Corpus Striatum der Säugetiere erreichen afferente Bahnen aus dem Retikulären System, der Substantia Nigra, den Intralaminären Nuclei, dem Cingulären Cortex und der Amygdala, sowie aus ausgedehnten Arealen des Neocortex. Die Efferenzen des Corpus Striatum weisen Verbindungen mit dem Globus Pallidus und der Substantia Nigra auf. Efferenzen aus dem Globus Pallidus wiederum gelangen einerseits zu ventralen und medialen Anteilen des Thalamus, andererseits zur subthalamischen Region und zum ventralen Tegment (Abb. 30). Bis auf die Verbindungen des Riechorganes mit dem sogenannten Olfactostriatum scheinen keine zusätzlichen Afferenzen aus anderen sensorischen Systemen das Reptiliengehirn zu erreichen.

Die Diskussion zur Funktion des Striatalen Komplexes wird trotz einer Fülle von tierexperimentellen und klinischen Daten

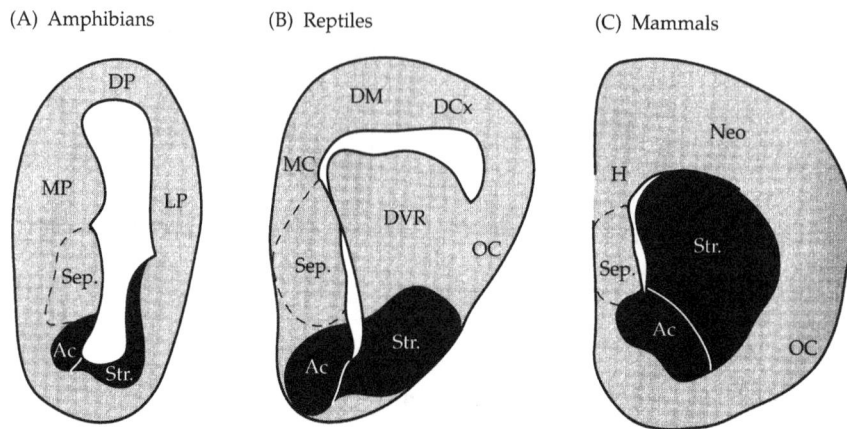

Abb. 29. Die Position der Basalganglien bei Tetrapoden. Das Striatum (Str.) und der Nucleus accumbens (Ac) befinden sich topisch an der gleichen Lokalisation des Telencephalons von (A) Amphibien, (B) Reptilien, und (C) Säugetieren (Striedter, 2005). Copyright: Sinauer Associates.

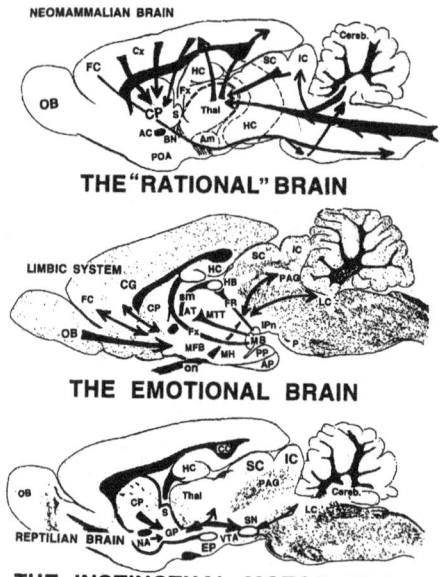

Abb. 30. Schematische Darstellung der wichtigsten Afferenzen und Efferenzen des Reptiliengehirns, des Paläo- und Neo-Säugetiergehirns der Ratte (Panksepp, 1998). Copyright: Oxford University Press.

kontrovers geführt. Vor allem die traditionelle Ansicht der Neurologie, dass es sich beim Corpus Striatum ausschließlich um ein Zentrum des extrapyramidal-motorischen Systems handelt, führte vor allem in der klinischen Forschung zu einer Fokussierung auf die motorischen Funktionen und zu einer Vernachlässigung von etwa kognitiven oder verhaltensbezogenen Aspekten. Die tierexperimentellen und klinischen Ergebnisse, die durch Läsionsstudien, zerebrale Stimulation, sowie durch Aufzeichnung neuraler Aktivität erzielt wurden, ergeben kein einheitliches Bild einer spezifischen motorischen Funktion dieser Strukturen. Während der elektrischen Stimulation des Striatalen Komplexes von Reptilien und Vögeln konnten keine spezifischen Bewegungsmuster induziert werden (Goldby, 1957; Anschel, 1977). Elektrische zerebrale Stimulationsversuche beim Menschen induzierten lediglich im Globus Pallidus einzelne Wendebewegungen des Körpers zur Gegenseite (Hassler, 1961), im Striatum dagegen Störungen der Stimmung und des Affektes, sowie der Aufmerksamkeit (Van Buren, 1966). Elektrophysiologische

Untersuchungen (single unit recordings) konnten zudem nachweisen, dass der Großteil der striatalen Neurone keine Assoziation mit spezifischen Bewegungen aufweist (Rolls, 1979). Da dem Corpus Striatum weder eindeutig motorische Funktionen im Sinne eines „Motorzentrums", noch sensorische Funktionen zugeordnet werden konnten, wurde es zunächst als unspezifisches „Integrationszentrum" angesehen, dessen Bedeutung erst zu bestimmen war (Albe-Fessard, 1979). Aktuelle neurobiologische Daten weisen auf eine Bedeutung der Basalganglien für Lern- und Gedächtnisprozesse. Nach diesen Anschauungen erhalten das Striatum und andere Kerngebiete der Basalganglien Informationssignale über den aktuellen Zustand motorischer oder mentaler Ereignisse und sind so mit anderen Formationen Teil eines umfassenden adaptiven Systems, das die Ausführung von Handlungen optimiert (Graybiel, 2008).

Ein Aspekt, der in der bisherigen Erforschung der striatalen Funktion und der Gehirnfunktion allgemein vernachlässigt wurde, ist die Tatsache, dass sich Symptome bzw. Phänomene, die durch zerebrale Läsionen, Stimulationen oder Ableitungen induziert werden, nicht nur als sogenannte „positive" bzw. beobachtbare Erscheinungen manifestieren, sondern dass nach Hughlings Jackson ebenso „Negativsymptome" auftreten können, die der experimentellen Datenerfassung entgehen können. Im Gegensatz zur traditionellen neurobiologischen Forschung an Tieren, die oft sehr standardisierte Versuchsparadigmen und Methoden anwendet, versucht die vergleichende Neuroethologie durch Beobachtung von natürlichen tierischen Verhaltensweisen Rückschlüsse auf die Funktion bestimmter Gehirnstrukturen zu gewinnen.

Neuere neurowissenschaftliche Forschungsansätze bzw. Daten, die das Striatum mit der Bildung neuraler Repräsentationen von Gewohnheitshandlungen in Zusammenhang bringen (Jog, 1999), zeigen jedoch bereits eine erstaunliche Übereinstimmung mit den an Eidechsen, Säugetieren und am Menschen erhobenen Forschungsergebnissen der vergleichenden Neuroethologie zur Funktion des Striatalen Komplexes.

3.2.1 Der R-Komplex und das Verhalten von Echsen

Die evolutionäre Neuroethologie versucht mit der Methode der vergleichenden Verhaltensforschung Homologien von Verhaltensmustern in der Phylogenese zu beschreiben, und Aufschluss über die Funktion bestimmter zerebraler Strukturen zu erlangen. Im Falle des Striatalen bzw. R-Komplexes ergeben sich insoferne Schwierigkeiten, als die erste und primitivste Form des Reptiliengehirnes der Säugetiere durch die Extinktion der Therapsiden einer Erforschung nicht mehr zugänglich ist. Obwohl keines der derzeit existierenden Reptilien dieselbe Abstammungslinie mit den reptilienartigen Vorfahren der Säugetiere teilt, so bieten sich Eidechsen aufgrund ihrer anatomischen Ähnlichkeiten zur neuroethologischen Untersuchung des R-Komplexes an. Die Beobachtung des natürlichen Verhaltens von Eidechsen, inklusive deren Kommunikationsverhalten untereinander, ermöglicht im Gegensatz zur reinen neurobiologischen Forschung – die mittels standardisierter Paradigmen vorwiegend Lernprozesse oder Furcht- und Vermeidungsverhalten untersucht – eine Erfassung von R-Komplex-asoziierten prosematischen Verhaltensweisen (MacLean, 1977).

Untersuchungen an Eidechsen belegen, dass diese unter Laborbedingungen dieselben Verhaltensweisen zeigen wie in der freien Natur. Greenberg (Greenberg, 1976) konnte nachweisen, dass das Verhalten der Echsen im Tagesverlauf durch bestimmte routinemäßige Abläufe (daily master routi-

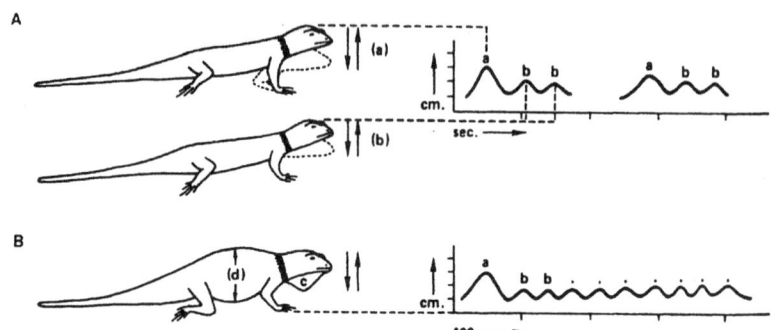

Abb. 31. Charakteristika von Erkennungshandlungen (A) und Droh- bzw. Angriffshandlungen (B) von Eidechsen (MacLean, 1990). Copyright: Springer Verlag.

nes) charakterisiert ist. Diese Abläufe umfassen: 1) das vorsichtige Hervorkommen aus einem Versteck, 2) eine Periode des Sonnens, 3) gefolgt von Defäkation an einem zugeordneten Platz, 4) morgendliche Nahrungsaufnahme innerhalb des Territoriums, 5) eine Periode der Nachmittagsruhe, 6) nachmittägliche Nahrungsaufnahme im Terrain, 7) nachmittägliches Sonnen, 8) Rückkehr zum Versteck. Neben dieser stereotypen Struktur des Tagesablaufes weisen Eidechsen auch vier spezifische Verhaltensmuster bzw. Ausdruckshandlungen (displays) auf: 1) Erkennungshandlungen: Dieses Verhaltensmuster besteht in einer kurzen Beuge- und Streckbewegung der vorderen Extremitäten, gefolgt von zwei Kopfnickbewegungen (Abb. 31, A). Diese Handlungen treten einerseits beim Aufeinandertreffen von zwei oder mehreren Echsen im Sinne eines Begrüßungsrituals auf (hier ergeben sich insbesondere beim Kopfnicken gewisse Homologien zu menschlichen Begrüßungsgesten), andererseits werden sie auch als Ausdrucksverhalten vor territorialen Eindringlingen und am Beginn des Balzverhaltens beobachtet. 2) Droh- bzw. Angriffshandlungen: Diese treten bei Kontakt mit Eindringlingen auf und führen durch eine Vergrösserung der Halsfalte und Zunahme der Körperhöhe zu einer bedrohlich anmutenden Erweiterung

des Körperumfanges (Abb. 31, B) In weiterer Folge kann es zur Positionierung zweier Kontrahenten Seite an Seite kommen (Abb. 32, A), worauf der eigentliche Angriff erfolgt.

3) Balzhandlungen: Diese werden oft durch das Weibchen initiiert, indem es mittels charakteristischer Schwanzbewegungen die Paarungsbereitschaft signalisiert (Abb. 32, B). Die Paarungsbereitschaft des Weibchens beinhaltet zudem ein Hochheben des Schwanzes und die Präsentation des hinteren Körperteiles. Die darauf folgenden Verhaltensmuster des Männchens gleichen in der Phänomenologie oft den Erkennungshandlungen, gefolgt von territorialen Handlungen und schließlich dem Kopulationsakt. 4) Unterwerfungs- bzw. Demutshandlungen: Diese stellen eine wichtige Überlegensstrategie im Verhaltensrepertoire aller Tiere dar. Bei Eidechsen werden dabei die Extremitäten an den Körper herangezogen, worauf eine Senkung des Körpers und des Kopfes folgt. Neuroethologische Studien an größeren Echsen sowie an Waranen bestätigten, dass diese dieselben Verhaltensroutinen und charakteristischen Handlungen als Teil ihrer prosematischen Kommunikation durchführen wie Eidechsen (Harris, 1964; Auffenberg, 1981).

Die bisher aufgelisteten basalen Verhaltensweisen von Eidechsen können durch

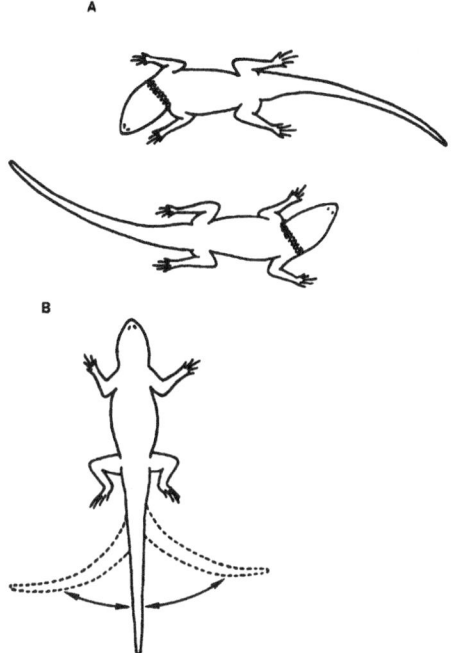

Abb. 32. Positionierung von Kontrahenten Seite an Seite vor einem Angriff (A) und charakteristische Schwanzbewegungen (B) als Balzhandlung bei Eidechsen (MacLean, 1990) Copyright: Springer Verlag

einige zusätzliche „spezielle" Formen des Verhaltens erweitert werden, die zumindest in rudimentärer Weise bei diesen Reptilien angetroffen werden. Die sogenannten Pflege- oder Putzhandlungen (grooming behavior) sind zwar vornehmlich bei höher entwickelten Tierarten evident, sie können jedoch zumindest ansatzweise bereits bei Eidechsen, vor allem als Teil des Häutungsprozesses, beobachtet werden. Greenberg (Greenberg, 1978) berichtete von Formen sozialer Putzhandlungen bei Eidechsen, die an Artgenossen während der Häutung durchgeführt wurden. Eine häufigere Art von grooming behavior, nämlich das Abreiben der Maulregion nach der Nahrungsaufnahme, wurde dagegen von mehreren Autoren bestätigt (Auffenberg, 1978).

Das Brutpflegeverhalten (breeding behavior) gewann im Laufe der Evolution erst mit dem Aufkommen der Säugetiere an Bedeutung. Echsen zeigen keine Anzeichen von brutpflegerischen Handlungen. Bei wenigen Ausnahmen dieser Spezies finden sich allenfalls rudimentäre Handlungen, die sich auf das Bebrüten der Eier und vermehrte Aufmerksamkeit den Nachkommen gegenüber beschränkt. Krokodile sind die einzigen lebenden Reptilien, deren Verhalten auch brutpflegerische Aspekte umfasst (Bellairs, 1970).

Die zuletzt beschriebenen speziellen Verhaltensformen sind von den folgenden „allgemeinen" zu unterscheiden (Tab. 1). Für letztere prägte MacLean den Begriff der „interoperativen" Formen basalen Verhaltens, da sie nicht mit bestimmten Handlungen verbunden sind, sondern in verschiedensten Situationen unabhängig vom Kontext auftreten können (MacLean, 1975a).

Allgemeine „interoperative" Formen basaler Verhaltensweisen
Routinisierung
Isopraktisches Verhalten
Tropistisches Verhalten
Perseverierendes Verhalten
Wiederholungsverhalten
Täuschungsverhalten

Tab. 1. Allgemeine (interoperative) Formen basaler Verhaltensweisen (MacLean, 1975a) Copyright: Springer Verlag.

Routinisierung

Der Begriff der Routinisierung bezieht sich auf die Fähigkeit, den Tagesablauf durch bestimmte wiederkehrende Verhaltensroutinen zu strukturieren und durch Einführung neuer Subroutinen zu modifizieren. Dabei fungieren oft externe Faktoren als Auslöser dafür, dass zuvor starre Verhaltensweisen adaptiert werden. So kann sich ein einmalig eingeschlagener Umweg zum Schlaflager als sicherer erweisen, und wird fortan dem kürzeren Rückweg vorgezogen.

Isopraktisches Verhalten

Unter Isopraxie versteht man Handlungen, die auf die gleiche Weise durchgeführt werden (MacLean, 1975b). Die evolutionäre Bedeutung der Isopraxie, also der Tatsache, dass bestimmte Handlungen innerhalb einer Spezies immer gleich ablaufen, liegt in der impliziten Fähigkeit, daran Angehörige der eigenen Art zu erkennen. Isopraktisches Verhalten bildet somit auch einen Teil der prosematischen Kommunikation. Das Phänomen kann bei Eidechsen auch innerhalb einer Gruppe beobachtet werden, etwa in Form des Kopfnickens, als Reaktion weiblicher und junger Tiere auf das Erscheinen eines dominierenden Männchens. Erscheinungen der „Massenisopraxie" sind bei Eidechsen nicht anzutreffen, finden jedoch etwa in den Hordenbewegungen von Schildkröten ihr Korrelat. Vergleichbare Phänomene beim Menschen, wie Massenveranstaltungen bzw. -wanderungen scheinen ebenfalls ihren Ursprung in dieser basalen Verhaltensweise zu haben.

Tropistisches Verhalten

Tropismus beschreibt in der Ethologie eine negative oder positive Antwort auf einen Reiz.

Im Gegensatz zum einfachen Reflexverhalten eines Tieres erfordern tropistische Handlungen, zu denen Lorenz die sogenannten Erbkoordinationen (fixed action patterns) zählt, eine prinzipielle Handlungsbereitschaft. Ähnlich wie Reflexe, stellen Erbkoordinationen relativ formstarre, leicht wiedererkennbare, artspezifische Verhaltensweisen dar, und sind extrem umweltstabil, d.h. durch äußere Einflüsse kaum veränderbar (Lorenz, 1978).

Noble und Bradley konnten bei Eidechsen z.B. nachweisen, dass bei Umfärbung der blauen Bauchregion der Männchen in die graue (weibliche) Form Balzverhalten in anderen männlichen Artgenossen induziert wurde (Noble, 1933).

Perseverierendes Verhalten

Perseverierendes Verhalten bezeichnet die wiederholte Ausführung von bestimmten Tätigkeiten. Als Beispiel kann hier das perseverierende Auftreten von Erkennungs- und Angriffshandlungen von Eidechsen angeführt werden. Unter Umständen entscheidet die Dauer der Wiederholungen mehr über den Ausgang eines Aufeinandertreffens zweier Männchen als die tatsächliche körperliche Überlegenheit. Als wichtiger Teil der sozialen Kommunikation erhöhen Perseverationen zudem die Redundanz eines Signals bzw. einer Botschaft.

Wiederholungsverhalten

Im Vergleich zum perseverierenden Verhalten besteht Wiederholungsverhalten zwar auch aus repetitiven Handlungen, allerdings stehen diese in einem bedeutungsvollen Zusammenhang. Handlungen, die in Form eines starren Rituals wiederholt und in eine routinemäßige Tagesstruktur (daily master routine) eingebaut werden, können hier als Beispiel gelten. Bei den gewohnheitsmäßigen wiederholten Zusammenkünften von Tieren zur Paarung dient Wiederholungsverhalten ebenfalls einem Überlebenszweck.

Täuschungsverhalten

Wie an kaum einer anderen Verhaltensweise lässt sich am Täuschungsverhalten eine evolutionäre Strategie für das Überleben des Individuums erkennen. Dieses wird allerdings nicht ausschließlich bei Gefahren, sondern auch bei der Nahrungs-

aufnahme oder der Fortpflanzung eingesetzt. Die Möglichkeiten der Täuschung
reichen von der einfachen Mimikry bis zum
sogenannten Totstellreflex.

Sämtliche bisher beschriebenen Verhaltensweisen können bei Echsen und Säugetieren beobachtet werden. Verhaltensmuster, zu denen Reptilien nicht fähig
sind, umfassen die elterliche Fürsorge und
die Pflege des Nachwuchses, die akustische Kommunikation zur Aufrechterhaltung des Kontaktes zwischen Muttertier
und Nachkommen, sowie die Fähigkeit zu
spielerischem Verhalten.
  Der Nachweis einer Assoziation zwischen dem Striatalen Komplex und den in
diesem Kapitel behandelten Verhaltensweisen erfordert die experimentelle Aus-
schaltung der spezifischen Gehirnregion
und die gleichzeitige Beobachtung des resultierenden Verhaltens der Tiere. Eine der
ersten Studien an Tauben zu diesem Thema
konnte belegen, dass augedehnte Hirnläsionen unter Beibehaltung der Integrität
des Paläostriatums die Ausführung des
Balz- und Kopulationsverhaltens nicht be-
einträchtigte (Beach, 1951). Die in weiterer
Folge durchgeführten Läsionsstudien am
R-Komplex von Eidechsen zeigten, dass
diese Struktur auch für die Ausführungen von weiteren basalen Verhaltensmustern, wie Erkennungshandlungen und Angriffshandlungen, essentiell ist (Greenberg,
1979).

3.2.2 Der R-Komplex und das Verhalten von Affen

Ethologische Untersuchungen von Ploog
ermöglichten die Identifizierung von vier
charakteristischen Verhaltensmustern bei
Rhesusaffen: 1) Aggressives Verhalten 2)
Balzverhalten 3) Grußhandlungen und 4)
Demuts- bzw. Unterwerfungshandlungen
(Ploog, 1963).
  Das aggressive Verhalten der Rhesusaffen
zeigt durch die Drohgebärden gewisse Ho-

mologien mit den Territorial- bzw. Angriffshandlungen der Eidechsen. Im Angriff
selbst, gibt der Affe Schreie von sich, nähert
sich dem Gegner frontal, spreizt ein Bein
und reibt seinen erigierten Penis am Kopf
bzw. an der Seite des Gegners (Abb. 33).
  Während das Balzverhalten der Eidechsen auch Anteile des artspezifischen Angriffsverhaltens beinhaltet, sind Angriffs-
und Sexualhandlungen bei Rhesusaffen
nahezu ident. Das Verhalten eines im
Angriff unterlegenen Affen besteht aus einer Beugehaltung des Kopfes bzw. aus
Duckbewegungen des Kopfes und des
Oberkörpers, die Unterwerfungshandlungen entsprechen. Die bereits beschriebenen Erkennungshandlungen der Echsen
sind als Korrelat zu den Grußhandlungen
der Rhesusaffen anzusehen. Diese Grußhandlungen weisen ein charakteristisches
Erscheinungsbild auf. Sobald ein unbe-
kannter Affe in ein Gehege gelangt, reagiert die Gruppe mit sofortigem Hoch-
klettern an der Käfigwand, Kopfwendung
zur Seite und Retraktion der Mundwinkel.
Diesen Aktionen folgen schrille Vokalisationen, Spreizen der unteren Extremitäten
und stoßende Bewegungen des erigier-

Abb. 33. Angriffsverhalten eines dominierenden
Rhesusaffen (Ploog & MacLean, 1963) Copyright:
Springer Verlag

ten Penis (MacLean, 1964). Die Tatsache, dass Rhesusaffen Verhaltensmuster aggressiver und sexueller Natur auch vor einem Spiegelbild produzieren, ermöglicht eine genauere experimentelle Untersuchung der Effekte einer Läsion des R-Komplexes auf spezifische basale Verhaltensweisen. In einer systematischen Studie an Rhesusaffen bestätigte MacLean, dass auch bei Säugetieren die Struktur des R-Komplexes für prosematische kommunikative Verhaltensmuster verantwortlich zeichnet (MacLean, 1978).

Die neuroethologischen Ergebnisse bei Echsen und Rhesusaffen unterstreichen die Bedeutung des R-Komplexes für die Steuerung prosematischer angeborener Handlungen und der damit verbundenen psychologischen Aspekte.

3.2.3 Das Reptiliengehirn des Menschen

Der Striatale- bzw. R-Komplex des Reptiliengehirns repräsentiert im menschlichen Gehirn und im Säugetiergehirn einen Grossteil der sogenannten Basalganglien (Tab. 2).

Neurologische Erkrankungen, die zu funktionellen Störungen dieser Strukturen führen (etwa die Parkinson'sche Erkrankung und die Chorea Huntington), bieten eine einmalige Möglichkeit, Aufschlüsse über verhaltensbezogene Aspekte des Reptiliengehirns beim Menschen zu erlangen.

Das pathophysiologische Substrat der Parkinson'schen Erkrankung besteht im Untergang dopaminerger Neurone der im Mittelhirn lokalisierten Substantia Nigra mit konsekutiver Minderversorgung striataler Strukturen mit Dopamin, wodurch es bei den betroffenen Patienten zu den bekannten extrapyramidal-motorischen Störungen kommt. Bis auf wenige Fallberichte wurden verhaltensbezogene Charakteristika von Parkinsonpatienten in der Literatur bisher vernachlässigt. Anfang des 20. Jahrhunderts machte Vogt bereits darauf aufmerksam, dass der Striatale Komplex mit der Kontrolle expressiver Bewegungen, z. B. in der Gestik und Mimik, befasst ist (Vogt, 1920). Andere Autoren bestätigten ebenfalls die Bedeutung der Basalganglien für die Umsetzung und Kommunikation innerlich wahrgenommener Emotionen und Bedürfnisse. Die als Störungen der Integration viszerosomatischer Funktionen zu bezeichnenden Charakteristika von Parkinsonpatienten umfassen diesbezüglich Dysfunktionen basaler Verhaltensweisen wie Essen, Defäkation oder Kopulation (Yakovlev, 1948).

Wie bereits am Beispiel der Echsen dargestellt, ist der Striatale Komplex mit der Ausführung basaler Verhaltenweisen in Form einer routinemäßigen Tagesstruktur (daily master routines) assoziiert. Jüngste Studien an Parkinsonpatienten bestätigen, dass diese an einer Störung der Strukturierung des regulären Tagesablaufes leiden, die nicht nur auf eine reine motorische Ur-

Basalganglienstrukturen		Assoziierte Strukturen
STRIATUM	GLOBUS PALLIDUS	
Nucleus Caudatus	Ext. und Intern. Segment	Substantia Nigra
Putamen	Ventrales Pallidum	Ventrales Tegmentales Areal
Ventrales Striatum		Nucleus Subthalamicus
Nucleus Accumbens		
Olfaktostriatum		

Tab. 2. Strukturen der Basalganglien bei Säugetieren

sache zurückzuführen ist (Camara Magalhaes, 2005). Zusätzlich scheint bei diesen Patienten auch ein spezifisches Defizit vorzuliegen, das sich auf die Aneignung von neuen Verhaltensgewohnheiten bezieht (Taylor, 1995). Diese Fähigkeit der Akquisition neuer Gewohnheiten erinnert an das bereits bei Echsen beschriebene Routinisierungsverhalten, das ebenfalls an die Integrität des striatalen Komplexes gebunden ist. Patienten mit Morbus Parkinson zeigen demnach nicht nur ein Unvermögen, die bestehenden Verhaltensmuster mit der gewohnten Tagesstruktur aufrechtzuerhalten, sondern auch neue Subroutinen (Gewohnheiten) in die Tagesstruktur einzubauen (Witt, 2002). Die Chorea Huntington ist eine weitere Entität, die eine Erkrankung des extrapyramidal-motorischen Systems darstellt. Bei dieser Erkrankung kommt es zu einer genetisch bedingten Degeneration des Striatalen Komplexes. Klinisch zeigen die Patienten neben Bewegungsstörungen vor allem initial neuropsychiatrische Symptome. Neuropsychologische Studien weisen vor allem auf eine Unfähigkeit der Patienten, ihre täglichen Aktivitäten zu planen und zu organisieren. Die Schwierigkeit liegt dabei in der eigenständigen Initiierung und konsequenten Durchführung von Handlungsabläufen, die allerdings bei externer Vorgabe von den Patienten ohne Probleme gemeistert werden (Caine, 1978). Obwohl hier von Kritikern eingewendet werden könnte, dass es sich dabei auch um eine kortikale Dysfunktion handeln könnte, wären die Symptome sehr gut mit den Befunden der vergleichenden Neuroethologie vereinbar. Auch hier könnten Fehlfunktionen im (R-Komplex gesteuerten) Ablauf von Routinehandlungen und Subroutinen (Gewohnheiten) als Erklärungsmodell herangezogen werden, die mit dem Untergang der striatalen Neurone erklärbar wären. Die wissenschaftliche Untersuchung von Gewohnheitshandlungen und anderen basalen Verhaltensmustern bei Huntington Patienten und Patienten mit Morbus Parkinson wurde bisher von neurowissenschaftlicher Seite weitgehend vernachlässigt, dies würde jedoch gerade in vergleichend neuroethologischer Sicht wichtige Erkenntnisse über die Funktion der archaischen „Reptilienanteile" des menschlichen Gehirnes liefern. Jüngste Forschungsergebnisse rücken jedoch bereits klar die Bedeutung der Basalganglien für basale Verhaltensmuster wie Routinehandlungen, repetitives Verhalten, Gewohnheiten oder rituelle Handlungen in den Vordergrund, und bestätigen damit bisherige neuroethologische Daten (Saka, 2004; Yin, 2006; Graybiel, 2008).

Aus Sicht der evolutionären Neuroethologie ist der R-Komplex bzw. das Reptiliengehirn keine isolierte zerebrale Struktur, sondern mit dem limbischen System und dem Neocortex hochgradig vernetzt. Dementsprechend sind Informationen über die Funktionsweise des Reptiliengehirns beim Menschen nicht nur durch Läsionsstudien zu erlangen, sondern auch durch direkte Beobachtung menschlicher Verhaltensmuster. Basale archaische Verhaltensweisen sind folglich in das rationale menschliche Verhalten eingewoben und von diesen durch die Methode der vergleichenden Verhaltensforschung zu differenzieren. Der Kulturprozess des Menschen beeinflusst zwar das Erscheinungsbild dieser basalen Verhaltensmuster, er hat jedoch keinen Einfluss auf den fortwirkenden instinktiven Charakter dieses Verhaltens. Dem Argument, dass tierisches Verhalten prinzipiell nicht mit menschlichem Verhalten vergleichbar ist, kann insofern entgegnet werden, als Gehirnformationen, die in mehreren Spezies dieselben Strukturen, neuralen Verbindungen und Organisationen aufweisen, implizit mit denselben Funktionen assoziiert sind. Entsprechend der Unterteilung der basalen Verhaltensweisen bei Tieren, können auch jene des Menschen in spezielle und allgemeine Formen differenziert werden.

3.2.3.1 Spezielle Formen basaler Verhaltensweisen beim Menschen

Territorialität

Aus Sicht der vergleichenden Verhaltensforschung tendiert der Mensch als „territoriale Art" dazu, bestimmte Raumareale zu besetzen und für sich zu beanspruchen (Eibl-Eibesfeldt, 1984). Diese Verhaltensweise scheint im Zuge der Phylogenese vor allem mit dem Prozess der Sesshaftigkeit des Menschen, also dem Wandel von einer Jagd- zur Ackerbaukultur, an Bedeutung gewonnen zu haben. Die Tendenz der Menschen, eigenes „Territorium" – das von der Umzäunung des Wohnbereiches, über Stadtmauern, bis zu Landesgrenzen reicht – zu errichten und von anderen abzugrenzen, ist nicht zu verleugnen. Die Tatsache, dass kriegerische Auseinandersetzungen zumeist durch Überschreitungen von Territorien bzw. Grenzen ausgelöst werden, unterstreicht die Bedeutung der Territorialität als basale Verhaltensweise, selbst in der modernen Zivilisation. Doch auch im individuellen Verhalten zeugen Gewohnheiten wie der bekannte „Lieblingsplatz" eines Menschen, oder das (oftmals nicht konfliktlose) Reservieren von Sitzplätzen in öffentlichen Bereichen von dieser Grundtendenz (Eibl-Eibesfeldt, 1999).

Die Möglichkeiten der „Markierung" eines Territoriums reichen in der Tierwelt, vom Setzen olfaktorischer Duftmarken mit Urin, bis zu visuellen territorialen Ausdruckshandlungen bei Rhesusaffen in Form von rhythmischen Bewegungen des erigierten Genitales. Beim Menschen dienen vor allem visuelle Symbole zur Darstellung territorialer Grenzen. Die Angewohnheit vieler primitiver Kulturen, sogenannte „Hauswächter" in Form von Phallus-artigen Steinskulpturen zur Demarkierung von Hausgrenzen zu verwenden, erinnert aus vergleichend-ethologischer Sicht an das zuvor zitierte Ausdrucksverhalten der Rhesusaffen. Selbst in der Antike wurden mit dem Gott Priapos assoziierte steinerne Phallusskulpturen zur Grenzmarkierung benützt (Wickler, 1966). Diese Beobachtung legt die Vermutung nahe, als handle es sich hier um ein atavistisches Verhaltensmuster, das trotz symbolischer Umarbeitung die Reste tierischer uro-genitaler Territorialitätshandlungen enthält. In diesem Zusammenhang erinnert auch die Verwendung von Fahnen – die aus psychoanalytischer Sicht einem abstrakten Phallussymbol entsprechen – als territoriales Zeichen eines Landes an das phylogenetische Erbe dieses Verhaltens. Als sublimste Form der menschlichen territorialen Handlung könnte wohl die Angewohnheit der Eintragung in ein Gästebuch gesehen werden, sozusagen als symbolische Geste einer visuellen Markierung.

Droh- bzw. Angriffsverhalten

Ein gemeinsames Charakteristikum von Drohgebärden bzw. des Angriffsverhaltens, das bei Reptilien, Säugetieren und Menschen angetroffen wird, stellt die Vergrößerung des Erscheinungsbildes dar. Wie bereits beschrieben, kommt es bei Echsen kurz vor dem eigentlichen Angriff zu einer Positionierung der beiden Kontrahenten Seite an Seite, um dem Gegner die volle

Abb. 34. Drohgebärde eines Schimpansen. Abbildung mit freundlicher Genehmigung von Prof. Irenäus Eibl-Eibesfeldt.

Abb. 35. Genitalpräsentieren bei Primaten. Abbildung mit freundlicher Genehmigung von Prof. Irenäus Eibl-Eibesfeldt.

Größe des Körpers zu demonstrieren. Bei Säugetieren finden sich entsprechende Verhaltensmuster in Form einer Aufrichtung des Körpers und Sträubung des Felles. Bei vielen Säugetieren, und vor allem bei Primaten, wird diesesVerhalten noch durch einen drohenden Gesichtsausdruck verstärkt (Abb. 34).

Auch beim Menschen zeigen sich bei Drohstellungen homologe Tendenzen, das Erscheinungsbild zu vergrößern bzw. zu verstärken, etwa in Form des seitlichen Anwinkelns der Arme, drohenden Gesichtsausdruckes oder der nur mehr rudimentär vorhandenen Piloarrektion, die dem tierischen Sträuben des Felles entspricht.

Das bereits zuvor beschriebeneVerhalten des Genitalpräsentierens (Abb. 35) ist bei Primaten nicht nur Teil des territorialen Ausdrucksverhaltens, sondern wird auch direkt als Drohgebärde eingesetzt (Wickler, 1966).

Beim Menschen wurden Handlungen des Genitalpräsentierens bei den sogenannten melanesischen Steinzeitmenschen beobachtet. Auch dieses Verhalten gilt als Ausdruck der Aggression und Dominanz und wird von diesen Stämmen vor allem bei Zuständen der Bedrohung oder angstvollen Erregung in Form eines gemeinsamen rituellenTanzes ausgeführt (Gajdusek, 1970). In Papua-Neu Guinea werden von manchen Stämmen zur Verstärkung des Effektes des Genitalpräsentierens künstliche Hilfsmittel, die auf den Penis aufge-

Abb. 36. Mitglieder eines Stammes in Papua-Neu Guinea als Beispiel für das Genitalpräsentieren beim Menschen. Abbildung mit freundlicher Genehmigung von Prof. Rudolf Wenger.

stülpt werden, verwendet (Abb. 36). Das bereits bei Rhesusaffen beschriebene Angriffsverhalten in Form eines Beinespreizens und Präsentierens des erigierten Genitales findet sich nahezu identisch als Drohgebärde bei den Buschmännern der Kalahari (Eibl-Eibesfeldt, 1971).

Abb. 37. Demutsgeste eines Schimpansen. Abbildung mit freundlicher Genehmigung von Prof. Irenäus Eibl-Eibesfeldt.

Ein weiteres Beispiel spezieller basaler Verhaltensweisen ist die dem Angriffsverhalten entgegenstehende Demuts- bzw. Unterwerfungshandlung. Ein von Reptilien, über Primaten, bis zum Menschen nachweisbares phänomenologisches Merkmal dieser Handlungen ist die Senkung bzw. Vorbeugung des Oberkörpers, bzw. die damit verbundene Neigung des Kopfes (Abb. 37).

Das menschliche Korrelat von Demutsgesten zeigt sich rudimentär in der Kopfneigung bzw. Verbeugung im Rahmen einer Begrüßung, oder in evidenter Form etwa als rituelle Unterwerfungsgeste bei der Priesterweihe.

3.2.3.2 Allgemeine Formen basaler Verhaltensweisen beim Menschen

Routinisierungsverhalten

Wie bereits am Verhalten von Reptilien dargestellt, bezieht sich der Begriff der Routinisierung auf die Fähigkeit, den Tagesverlauf durch typische wiederkehrende Verhaltensroutinen zu strukturieren, und durch Einführung neuer Subroutinen zu modifizieren. Die Tendenz zur gewohnheitsmäßigen Gestaltung des Tagesablaufes in stereotyper Weise ist zweifellos für viele Menschen zutreffend, ebenso die damit verbundenen emotionalen Schwierigkeiten,

die sich beim Abbruch solcher Routinen – etwa im Urlaub bzw. bei der Pensionierung – ergeben. Ebenso sind für viele Menschen Angewohnheiten vertraut, die sich einmal in verschiedener Hinsicht als erfolgreich erwiesen haben, die fortan in alltägliche Handlungen als Subroutine eingebaut werden. Lernprozesse sind bei der Einführung derartiger Subroutinen natürlich mitbeteiligt. In gesellschaftlicher Hinsicht finden sich Formen des Routinisierungsverhaltens z.B. in bestimmten rituellen Handlungen, die ebenfalls durch einen vorgegebenen Handlungsablauf charakterisiert sind. Da diese, etwa im Rahmen von Zeremonien, immer in bedeutungsvollem Zusammenhang ausgeführt werden, spricht man hier von Wiederholungsverhalten. Wiederholungsverhalten im Tierreich entspricht etwa den wiederkehrenden (saisonalen) Zusammenkünften bestimmter Tierarten zum Zweck der Paarung.

Isopraktisches Verhalten

Unter Isopraxie versteht man, wie bereits erwähnt, ein imitatives Verhalten. Natürliches isopraktisches Verhalten beim Menschen kann in jeder Gesprächssituation beobachtet werden, insofern, als hier die unbewusste Tendenz besteht, die Körperposition bzw. Körperhaltung des Gesprächspartners einzunehmen. In eindrucksvollster Weise stellen sich Isopraxien bei bestimmten neurologischen Erkrankungen dar. Das Tourette-Syndrom etwa ist neben einfacher motorischer Tics auch durch komplexe Tics in Form von Imitationen der Bewegung anderer (Echopraxie) und die Wiederholung fremder Lautäußerungen (Echolalie) charakterisiert. Obwohl diese Erkrankung ätiologisch ungeklärt ist, wird eine Störung in der Funktionsschleife zwischen Striatum und präfrontalem Cortex vermutet. Bildgebende Verfahren bestätigen jedoch bisherige neuroethologische Befunde, dass auch hier die

Basalganglien mit basalen isopraktischen Verhaltensweisen assoziiert sind (Singer, 1993). Gegen das Argument, dass alles imitative Verhalten erlernt wird und keine angeborene Verhaltensweise darstellt, kann eingewendet werden, dass sogar hochgradig geistig retardierte Kinder zu isopraktischen Handlungen fähig sind.

Bei Naturvölkern scheinen Isopraxien als Teil des natürlichen Verhaltensrepertoires auch Schutzfunktionen zu besitzen. Ethologischen Berichten zufolge, kam es beim Erstkontakt von Naturvölkern mit Ethologen dazu, dass sämtliche Mitglieder des Stammes bestimmte Handlungen und Gesten der Forscher imitierten, als ob sie damit eine symbolische Vereinigung mit den Fremden vollziehen würden (Gajdusek, 1970).

Tropistisches Verhalten

Die Verhaltensforschung definiert Tropismus im Tierreich als negative oder positive Antwort auf einen Reiz, wobei einer tropistischen Handlung im Gegensatz zum einfachen Reflexverhalten eine prinzipielle Handlungsbereitschaft vorausgeht. Die zum tropistischen Verhalten zahlenden Erbkoordinationen (fixed action patterns) finden sich beim Menschen naturgemäß am deutlichsten beim Säugling, der aufgrund seiner Hilflosigkeit auf instinktive Verhaltensmuster angewiesen ist (Eibl-Eibesfeldt, 1999). Als typisches Beispiel eines tropistischen Verhaltens, kann das Lächeln des Säuglings genannt werden, das initial selbst durch stark reduzierte symbolische Darstellungen eines Gesichtes induziert werden kann (Spitz, 1965). Der biologische Zweck dieses Verhaltens liegt darin, das Gegenüber freundlich zu stimmen bzw. zu beschwichtigen. Bei der Beobachtung des Verhaltens Erwachsener liegt es nahe zu vermuten, dass ein Großteil des menschlichen Konsumverhaltens von tropistischen Verhaltensmustern geprägt ist. Wie die Motivforschung beweist, scheint

gerade die Werbeindustrie darauf ausgerichtet zu sein, Motivationen bzw. Bedürfnisse zu generieren, die durch tropistisches Verhalten befriedigt werden. Interessanterweise bedienen sich auch diese Wirtschaftszweige gerade markenspezifischer Symbole bzw. „logos", was stark an ein Reiz-Reaktionsschema instinktiver Verhaltensmuster erinnert. Zudem erscheint das dem Modeverhalten bzw. Modeströmungen inhärente Phänomen der Nachahmnung mit isopraktischen Tendenzen zu korrelieren.

Perseverierendes Verhalten

Perseverierendes Verhalten, im Sinne einer wiederholten Ausführung von Tätigkeiten, findet sich beim Menschen vor allem bei Handlungen, die im Tierreich als sogenannte „Übersprungsbewegungen" bezeichnet werden. Tinbergen konnte zeigen, dass Tiere in Konfliktsituationen, also etwa während eines Kampfes, derartige Verhaltensweisen in Form von Putzbewegungen durchführen, die mit der ursprünlichen (Kampf-) Stimmung nicht in Zusammenhang stehen (Tinbergen, 1940). Nach den Ansichten einiger Ethologen „springt" hier eine gestaute Erregung von einem zerebralen Zentrum zu einem anderen und findet dort seine Entladung. Übersprungsbewegungen solcherart manifestieren sich beim Menschen bekannterweise ebenfalls bei Konfliktsituationen, etwa im Rahmen von öffentlichen Vorträgen oder Auftritten, die denjenigen als „nervös" erscheinen lassen. Typischerweise kommt es dabei ebenfalls zu Bewegungen, die etwa als Kopfkratzen, Bartstreichen, Mundwischen, Nasereiben, Zurückstreichen der Haare etc. an Putzbewegungen (grooming behavior) bzw. Körperpflegebewegungen von Tieren erinnern (Seiss, 1965). Übersprungsbewegungen können bei Tieren durch Stimulation des Hippocampus mit nachfolgender Propagation in Teilen des R-Komplexes ausgelöst werden (MacLean, 1957), und zeigen sich beim Menschen auch im Rahmen von Temporallappenanfällen, deren Entladungsmuster ebenfalls von limbischen Arealen in Teile des Striatums propagieren können (Wieser, 1983).

Die bisher beschriebenen R-Komplex-assoziierten Verhaltensweisen des Menschen sollen nicht zu der falschen Anschauung führen, dass es sich beim Striatum um eine isolierte und evolutionär unveränderte Struktur handelt, die archaische Verhaltensmuster in abgekapselter Form „konserviert". Vielmehr zeigen vergleichend-anatomische Daten, dass es im Zuge der Evolution des menschlichen Gehirnes parallel zur Expansion des Neocortex zu einer deutlichen Größenzunahme des Striatums kam. Die Entwicklung des Neocortex führte aber auf der anderen Seite auch nicht zu einer vollkommenen funktionellen Überlagerung hierarchisch untergeordneter Strukturen.

Während das Reptiliengehirn verschiedener Arten für basale Verhaltensweisen und die damit assoziierte prosematische Kommunikation verantwortlich zeichnet, war für die Fähigkeit der Wahrnehmung des subjektiven Selbst – einem zentralen Punkt in der evolutionären Neuroethologie – erst die Evolution des Limbischen Systems erforderlich.

3.3 Das Paläo-Säugetiergehirn (Limbisches System)

3.3.1 Evolution und Anatomie des Limbischen Systems

Das mit der Evolution der ersten Säugetiere entstandene sogenannte Paläo-Säugetiergehirn besteht aus einem phylogenetisch alten Cortex und dessen Verbindungen mit Strukturen im Hirnstamm. Paul Broca war der Erste, der diese Entwicklung des Vorderhirnes als spezifische Formation des Säugetiergehirnes erkannte, und in der Folge als „großen limbischen Lappen" be-

zeichnete (Broca, 1878). Die Entdeckung, dass es sich dabei um eine spezifische funktionelle Einheit handelt, geht auf Paul MacLean zurück, der den Begriff des „Limbischen Systems" prägte (MacLean, 1952). Der evolutionäre Übergang von Reptilien zu Säugetieren war durch das Auftauchen spezifischer Verhaltensmuster gekennzeichnet, die an die evolutionäre Entwicklung des Limbischen Systems geknüpft war. Diese für Säugetiere spezifischen Verhaltensweisen umfassen die elterliche Fürsorge und die Pflege des Nachwuchses, die akustische Kommunikation zur Aufrechterhaltung des Kontaktes zwischen Muttertier und Nachkommen, sowie die Fähigkeit zu spielerischem Verhalten.

Anatomisch werden zum Limbischen System kortikale und subkortikale Strukturen gezählt (Abb. 38). Die kortikalen Strukturen umfassen den olfaktorischen Cortex, den Hippocampus, den Gyrus cinguli und den subcallosalen Gyrus. Die subkortikalen Anteile des Limbischen Systems bilden die Amygdala, das Septum, der Hypothalamus, sowie die anterioren thalamischen Nuclei (Swanson, 1987).

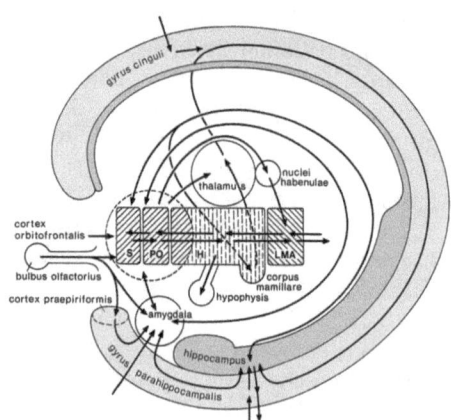

Abb. 38. Schematische Darstellung des Limbischen Systems und seiner Verbindungen. H = Hypothalamus, LMA = Limbic midbrain area, PO = Perioptic region, S = Septum. The Human Central Nervous System (Nieuwenhuys et al., 2007). Copyright: Springer Verlag.

Die Evolution und Expansion des Cortex und des Limbischen Systems sind jene essentiellen Veränderungen, die die Basis für die Entstehung des Säugetiergehirns bilden (Striedter, 2005). Insbesondere der Neocortex, der bei Reptilien nur als Rudiment vorhanden ist, vollzieht im Rahmen der Evolution der Primaten eine besondere Expansion und Differenzierung. Dennoch erscheint aus neuroethologischer Sicht die Entwicklung des Limbischen Systems für die Differenzierung Säugetier-spezifischer Verhaltensweisen bedeutsamer. Vergleichend-anatomische Studien belegen, dass es sich beim Limbischen System um den gemeinsamen Denominator des Säugetiergehirnes handelt (Abb. 39).

Die durch Läsions- und Stimulationsstudien an Tieren und die am Menschen erhobenen klinischen Daten implizieren, dass das Limbische System eine wichtige Rolle in der Wahrnehmung und Verarbeitung von Emotionen bzw. Affekten einnimmt, die für die Selbsterhalt-relevanten Verhaltensweisen und letztlich für den Erhalt der Spezies essentiell sind.

3.3.2 Funktionen des Limbischen Systems

Das Verständnis der Funktion des Limbischen Systems von Säugetieren für Verhaltensweisen, die sich auf Aspekte der Selbsterhaltung und der Fortpflanzung beziehen, erfordert Kenntnisse der anatomischen Besonderheiten dieser Struktur. Aufgrund zytoarchitektonischer Befunde, lassen sich innerhalb des Limbischen Systems drei Kerngruppen identifizieren, die Afferenzen zu den jeweiligen limbischen Cortexarealen entsenden. Diese Kerngruppen umfassen die Amygdala, das Septum, und den Thalamus (Abb. 40).

Läsionsstudien an Primaten deuten darauf hin, dass die Amygdala der Säugetiere für Selbstschutz-bezogene Verhaltensweisen, die Futterwahl, und die Regulation spontaner Aktivitäten essentiell ist (Akert, 1961). Die Entfernung der Amygdala inklusive der vorderen Anteile des temporalen Cortex führt dazu, dass die Versuchstiere nicht mehr zwischen gefährlichen und ungefährlichen Situationen differenzieren können. Dieser Aspekt der Amygdalafunk-

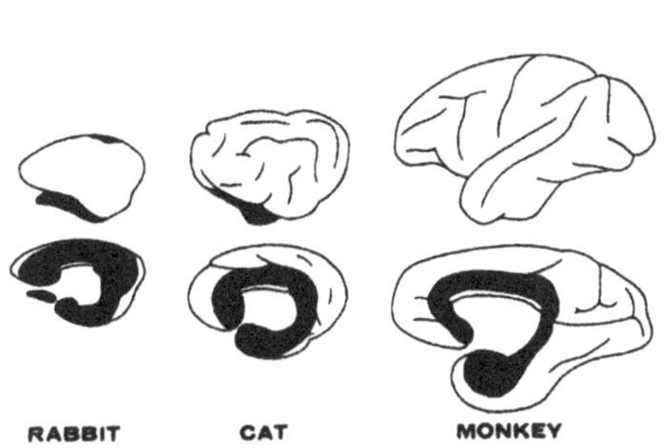

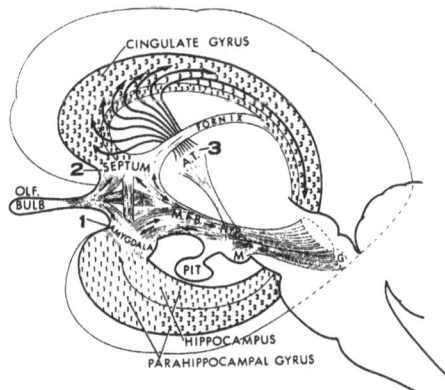

Abb. 39. Das Limbische System von drei repräsentativen Säugetieren (v.l.n.r.: Kaninchen, Katze, Affe). Während der Evolution der Primaten kam es im Vergleich zum Limbischen System zu einer deutlichen Expansion des Neocortex (MacLean, 1954). Copyright: Springer-Verlag.

Abb. 40. Die drei Anteile des Limbischen Systems. Die nukleären Gruppen mit der Amygdala, dem Septum und dem thalamocingulären System sind mit den großen Ziffern (1,2,3) markiert. Die korrespondierenden kortikalen Areale des Limbischen Systems sind jeweils mit kleinen Ziffern dargestellt (MacLean, 1990) Copyright: Springer Verlag.

tion wird auch durch Befunde am Menschen bestätigt. Patienten mit beidseitiger Läsion der Amygdala weisen deutliche Defizite in ihrer Fähigkeit auf, negative Emotionen im Gesicht anderer Personen zu erkennen – entsprechend also einer Unfähigkeit, eine potentielle gefährliche Situation wahrzunehmen (Adolphs, 1999).

Beobachtungen am Sozialverhalten von Primaten mit derartigen Hirnläsionen ergaben, dass es auch insofern zu einer Veränderung des hierarchischen Beziehungssystems dieser Tiere kommt, als diese ihr Dominanzverhalten einbüßen (Plotnik, 1968). Dieses hätte auf das Verhalten in der freien Wildbahn dramatische Auswirkungen und unterstreicht die Bedeutung der Amygdala für die Selbsterhaltung des Individuums bzw. der Spezies. Die Effekte einer Ablation der Amygdala bei niederen Säugetieren korrelieren insofern mit den Vorbefunden, als es auch bei diesen zu einer vermehrten Zahmheit und einem „Verlust der Wildheit" kommt. Zu den Selbsterhaltungsfunktionen, die ebenfalls über die Amygdala mediiert werden, zählen im weiteren Sinn auch Handlungen, die Aggression, Kampf und Verteidigung miteinbeziehen, um z.B. zu Nahrung zu gelangen oder diese zu verteidigen.

Die Bedeutung des Septums liegt im Gegensatz zur Amygdala mehr in Fortpflanzungs-relevanten Aspekten des Verhaltens, etwa in der Steuerung des Paarungsverhaltens oder des Kopulationsaktes. Stimulationsversuche am Septum des Menschen induzieren dementsprechend subjektive Empfindungen des Wohlgefühles, die von manchen Patienten als orgiastische Sensationen beschrieben werden (Heath, 1963). Die spezifische Ausrichtung des Septums auf das Fortpflanzungsverhalten lässt es evolutionär plausibel erscheinen, dass dieses System auch die biologische Voraussetzung für die Entstehung des mütterlichen Fürsorgeverhaltens der Säugetiere darstellt. Sowohl bei Mäusen, als auch bei Ratten, wurden erhebliche

Störungen des mütterlichen Fürsorgeverhaltens nach septalen Läsionen gesehen (Slotnick, 1975). Tierexperimentelle Untersuchungen belegen ferner, dass diesem Verhaltensmuster ein neurales Netzwerk zugrunde liegt, das sich offenbar vom Septum über die Amygdala und den dorsalen Hippocampus, bis zum cingulären Cortex erstreckt. Ähnliche funktionelle Überlappungen finden sich auch für das Putz- bzw. Pflegeverhalten (grooming) von Tieren, das nach Handlungen der Nahrungsaufnahme, der Paarung, aber auch nach fürsorglichen oder kämpferischen Tätigkeiten auftritt. Läsionsstudien zeigten, dass für das Putzverhalten, sowohl Hippocampus, als auch das Septum verantwortlich zeichnen (Colbern, 1977).

Die dritte funktionelle Einheit innerhalb des Limbischen Systems, das sogenannte thalamo-cinguläre System – also die Verbindungen des anterioren Thalamus und anderer thalamischer Strukturen mit dem mesokortikalen Gyrus cinguli – scheint eine bedeutende Rolle bei elementaren Sexualfunktionen zu spielen (Abb. 41).

Die Stimulation von verschiedenen Arealen in diesem Bereich, inklusive des

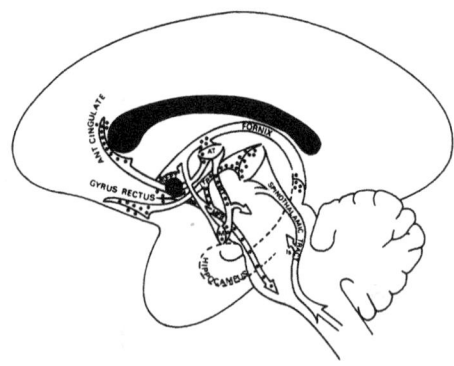

Abb. 41. Schematisches Diagramm der wichtigsten Strukturen für die elementaren Sexualfunktionen beim Rhesusaffen. Die mit Punkten bzw. Strichen markierten Areale repräsentieren Regionen, durch deren elektrische Reizungen Erektionen induziert werden können (MacLean, 1962). Copyright: Springer Verlag.

mammilothalamischen Tractus (MT), des medialen Vorderhirnbündels (MFB) und des cingulären Cortex, induziert bei Affen eine Erektion. Reizungen des spinothalamischen Tractus und der infrathalamischen Region führen dagegen zu genitalen Sensationen, bis zur Ejakulation und motorischen Erscheinungen in Form von genitalen Kratzbewegungen (MacLean, 1962). Häufig sind diese Reaktionen auch von oralen Kau- oder Schmatzautomatismen, Urinieren oder Vokalisationen begleitet. Der cinguläre Cortex scheint zudem für die Steuerung mütterlich-fürsorglicher Verhaltensweisen bedeutsam zu sein, ebenso wie die Amygdala und die Septumregion (Slotnick, 1975; Fleischer, 1978; Calamandrei, 1994). Hier sollte nicht unerwähnt bleiben, dass diese Handlungen bei niederen Säugetieren, nicht nur die Aufzucht und den Schutz der Nachkommen umfassen, sondern auch etwa die Tätigkeit des Nestbaus miteinbeziehen. Die audiovokale Kommunikation zwischen dem Muttertier und den Jungtieren ist bei Reptilien nicht existent, und ist ebenfalls eine Errungenschaft des Säugetiergehirns. Ein Vergleich des sogenannten „Trennungsschreies" von neugeborenen Rhesusaffen, Makaken und menschlichen Säuglingen erbrachte das erstaunliche Ergebnis, dass dieser Schrei in allen Fällen dasselbe Frequenzspektrum aufweist (Newman, 1985). Aus evolutionärer Sicht, scheint dies die erste vokale Kommunikationsform der Säugetiere darzustellen, deren neurales Substrat ebenfalls im cingulären Cortex lokalisiert ist (MacLean, 1988).

Ein Aspekt, der in der bisherigen neurobiologischen Forschung weitgehend vernachlässigt wurde, ist das für Säugetiere spezifische Phänomen des spielerischen Verhaltens. Obwohl spielerische Handlungen bei allen Säugetieren und beim Menschen angetroffen werden, sind deren phylo- und ontogenetische Bedeutung noch ungeklärt. Ebenso herrscht gegenwärtig auch Unklarheit hinsichtlich der neura-

len Regelkreise, die mit dieser Tätigkeit assoziiert sind. Murphy et al. beschrieben deutliche Störungen des Spielverhaltens bei Hamstern nach Ablation des cingulären Cortex (Murphy, 1981), zusätzlich scheinen hier jedoch auch mehrere andere limbische Areale, inklusive der Amygdala und des Hippocampus, involviert zu sein (Panksepp, 1998).

Am Beispiel des Spielverhaltens zeigt sich, dass die verhaltensbezogenen Funktionen des Limbischen Systems nicht auf einzelne Strukturen reduziert werden können, sondern dass von jeweils spezifischen Regelkreisen ausgegangen werden muss. Die gegenwärtige neurobiologische Forschung liefert eine Fülle von detaillierten Informationen über die einzelnen Subsysteme des limbischen Gehirns, dessen fundamentale evolutionäre Rolle als archaisches System, im Rahmen des Triune Brain Konzeptes jedoch weitgehend anerkannt ist (Morgane, 2005). Mit der Expansion des Neocortex beim Menschen, scheint das Limbische System zunehmend mit basalen Aspekten der Emotionsverarbeitung und der Vermittlung motivationsbezogener Information an die phylogenetisch jüngere Gehirnstruktur befasst zu sein, um somit komplexe menschliche Verhaltensweisen und ein Gefühl der Individualität zu gewährleisten. Mit dieser Funktion trägt das Limbische System beim Menschen auch entscheidend zur subjektiven Erfahrung von Emotionen, zum Gefühl der persönlichen Identität, sowie zur Erinnerung subjektiver Erfahrungen bei.

3.3.3 Das Limbische System des Menschen

3.3.3.1 Psychomotorische Epilepsie und das Limbische System

Nach dem „Triune Brain" Konzept von Paul MacLean ist das Limbische System des Menschen entscheidend an der Herstellung einer Verbindung des „Selbst" zu innerem

Erleben und äußerer Realität beteiligt. Im Gegensatz zu den Basalganglien besitzt der Hippocampus, als kortikale Struktur (Archicortex) im Limbischen System, die Fähigkeit zu erhöhter neuronaler Synchronisation und Exzitabilität, im Sinne einer epileptogenen Neigung. Insbesondere können Prozesse wie die Hippocampussklerose bzw. –atrophie zu einer erhöhten zerebralen Erregbarkeit in dieser Region, und damit zur Epilepsie führen (Engel, 1996). Eine neurale Entladung im Rahmen eines Anfallgeschehens gleicht einer elektrischen Reizung jener Hirnregion, die den Anfallsursprung darstellt. Zusätzlich kann die epileptische Erregung auch benachbarte limbische Strukturen erfassen, im Sinne einer sogenannten Propagation. Diese Besonderheiten ermöglichen somit, auf einzigartige Weise, Einblicke in komplexe menschliche Wahrnehmungs- und Verhaltensphänomene, die ausschließlich mit den sogenannten partiell-komplexen bzw. psychomotorischen Anfällen – und somit mit dem Limbischen System – assoziiert sind. Kaum ein anderes Krankheitsbild ist in der Lage, derartig eindrucksvolle und wichtige Informationen über eine Gehirnstruktur zu liefern, die mit der subjektiven Erfahrung von Emotionen befasst ist. Dieser Umstand liefert somit, unter Bezugnahme auf das „Triune Brain" Konzept, wertvolle Einsichten in paläopsychische Prozesse und Aspekte der Proto- und Emotomentation des Menschen.

Psychomotorische Anfälle sind durch zwei elementare Besonderheiten gekennzeichnet, nämlich durch das Auftreten von sogenannten „Auren" und „Automatismen".

Auren sind charakteristische bewusste Wahrnehmungen, die den Anfall zumeist einleiten. Eines, der von Patienten am häufigsten angegebenen Aurasymptome ist ein von der Magengegend aufsteigendes Übelkeitsgefühl. Weitere Aurasymptome umfassen Angstgefühle, psychische Phänomene, wie déjà-vu oder jamais-vu Wahrnehmungen, Depersonalisationen oder veränderte Wahrnehmungen der Umgebung im Sinne von Makropsien oder Mikropsien (Wieser, 1983). All diese Erscheinungen, die vom Patienten bewusst wahrgenommen werden, lassen bereits auf essentielle Funktionen des menschlichen Limbischen Systems schließen, nämlich die Generierung und Wahrnehmung von Emotionen, die Erschließung und subjektive Erfahrung der äußeren Realität, sowie die Vermittlung des Gefühls einer persönlichen Identität bzw. des Selbstgefühls. Bei genauer Betrachtung der verschiedenen Qualitäten der Auren, kann zunächst prinzipiell zwischen einfachen Sensationen und komplexeren Wahrnehmungen differenziert werden, die jeweils mit bestimmten Affekten bzw. Emotionen assoziiert sind. Die evolutionsbiologische Bedeutung der Affekte ist sicherlich in ihrer Funktion für die Erhaltung bzw. das Überleben des Individuums und der Spezies zu sehen. Basierend auf der Tatsache, dass Affekte von einem Individuum qualitativ nur als angenehm oder unangenehm wahrgenommen werden können, jedoch keine neutralen Affekte existieren, ergibt sich die Möglichkeit – unter Berücksichtigung der subjektiv erfahrbaren affektiven Zustandsbilder epileptischer Auren – eine Kategorisierung menschlicher Affekte vorzunehmen. Paul MacLean ging in diesem Zusammenhang von einem auf neuroethologischen Daten basierenden Konzept der Affekte aus (Abb. 42), indem er, neben der Einteilung in angenehme und unangenehme Emotionen, auch eine Differenzierung zwischen basalen, spezifischen, und allgemeinen Affekten vornahm (MacLean, 1970).

Diesen Anschauungen zufolge, beziehen sich basale Affekte auf Wahrnehmungen innerer bzw. körperlicher Zustände, bzw. Bedürfnisse, wie etwa des Bedürfnisses nach Nahrung, Wasser oder sexuellem Kontakt. Die spezifischen Affekte, die an-

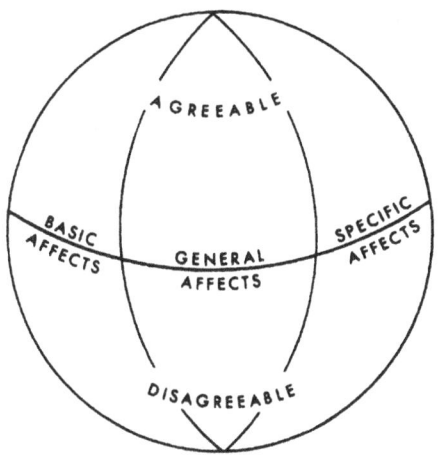

Abb. 42. Ein Schema zur Systematisierung von Affekten (MacLean, 1970). Copyright: Springer-Verlag

geboren oder erworben sein können, sind mit Wahrnehmungen der Außenwelt und den damit verbundenen sensorischen Perzeptionen assoziiert. Zu den angeborenen spezifischen Affekten würden demnach Gefühlszustände zählen, die etwa mit angenehmen oder unangenehmen Gerüchen oder Geräuschen verbunden sind, und deren evolutionäre Bedeutung für das Überleben evident ist. Zu den erworbenen spezifischen Affekten des Menschen könnten unter anderem Gefühle angeführt werden, die mit der Wahrnehmung von Musik oder Kunst assoziiert sind.

Die sogenannten allgemeinen Affekte sind dagegen nicht an eine unmittelbare Wahrnehmung gebunden und können aufgrund kognitiver Prozesse auch im Nachhinein wirksam sein, bzw. unabhängig von äußeren Anlässen wiederkehren. Charakteristischerweise können allgemeine Affekte durch andere Individuen, Situationen oder nur durch kognitive Vorgänge, wie Erinnerungen, ausgelöst werden. Zudem existieren keine spezifischen sensorischen Auslöser, die zu diesen Affekten Anlass geben. Phänomenologisch können allgemeine Affekte somit den weiter

hin als „eigentliche" Emotionen bezeichneten Gefühlszuständen zugeordnet werden.

Psychomotorische Anfälle und basale Affekte

Alimentäre Phänomene

Die zuvor angeführte epigastrische Aura ist eine der häufigsten Sensationen, die von Patienten im Rahmen eines psychomotorischen Anfalles geschildert werden. Die epigastrische Wahrnehmung selbst wird als unangenehmer körperlicher Reiz beschrieben, der begleitende Affekt hat nahezu immer Angstcharakter. Ferner wird eine begleitende Übelkeit angegeben, die als von der Magengegend aufsteigend charakterisiert wird. Analog zu diesen, den basalen Affekten zuordenbaren Erscheinungsbildern psychomotorischer Anfälle, können Patienten ebenso Hunger- bzw. Durstgefühle im Rahmen der Aura verspüren (Cascino, 1989).

Aktuellere Studien an Patienten mit derartigen Anfällen lassen sogar den Schluss zu, dass peri-iktales Wassertrinken, bzw. das Durstgefühl, im nicht-dominanten Temporallappen lokalisiert sind (Trinka, 2003).

Kardiorespiratorische Phänomene

Erscheinungen des kardiorespiratorischen Systems gehören zu den viszeralen Sensationen im Rahmen von Anfällen, die ebenso ihren Ausgang im medialen Temporallappen nehmen. Die kardialen Symptome manifestieren sich dabei zumeist in Form von Gefühlen des „Herzrasens" bzw. von Palpitationen und Tachykardien, die als Aura ohne äußere Auslöser auftreten. Atmungsbezogene iktale Phänomene umfassen Gefühle der Atemnot bis zum Erstickungsgefühl. Naturgemäß sind auch Auren mit kardiorespiratorischen Symptomen mit Angstgefühl verbunden.

Urogenitale Phänomene

Iktaler Harndrang ist eine weitere, wenn auch seltene Aurasensation, die mit basalen Affekten in Zusammenhang zu bringen ist. Auch bei dieser viszeralen Manifestation scheint der Anfallsursprung in der nicht-dominanten Temporallappenregion lokalisiert zu sein (Baumgartner, 2000; Loddenkemper, 2003). Die Bedeutung des Limbischen Systems für die Wahrnehmung sexueller Erregung, bis hin zum Orgasmus, widerspiegelt sich im Phänomen der orgasmischen Aura (Jansky, 2004; Aull-Watschinger, 2008).

Psychomotorische Anfälle und spezifische Affekte

Spezifische Affekte entsprechen Wahrnehmungen der Außenwelt in Form von sensorischen Perzeptionen. Auren können mit einer Vielzahl von spezifischen sensorischen Phänomenen assoziiert sein. Olfaktorische und gustatorische Auren etwa induzieren Geruchs- und Geschmacks-empfindungen, die in der Regel als unangenehm empfunden werden. Akustische und vestibuläre Symptome werden oft mit komplexeren Gefühlszuständen in Zusammenhang gebracht. So nimmt ein Patient einen Ton oder ein Geräusch nicht nur als solche wahr, sondern verbindet damit auch etwa einen bedrohlichen Charakter. Iktale Stimmen können unter Umständen von ihrer Phänomenologie her kaum von eigentlichen akustischen Halluzinationen unterschieden werden. Ebenso können iktale vestibuläre Sensationen die einfache Form eines Schwindelgefühls annehmen, oder zu komplexen räumlichen und szenischen Wahrnehmungen führen. Visuelle Auren treten oft in Form von Mikropsien oder Makropsien der Umgebung auf, seltener kann es zu komplexen visuellen Halluzinationen kommen. Neben diesen spezifischen sensorischen Perzeptionen existieren jedoch auch Berichte über iktale Veränderungsgefühle, die den gesamten Körper betreffen, oder über Erscheinungen, die als isoliertes Symptom des autonomen Nervensystems angesehen werden können (z. B. Wärme- oder Hitzegefühle oder isolierte Piloarrektion).

Die hier angeführten Darstellungen zeigen deutlich, dass sowohl die enterozeptiv, als auch die exterozeptiv wahrgenommenen Sensationen mit entsprechenden Affekten assoziiert sind, insofern, als enterozeptive Wahrnehmungen mit basalen Affekten und exterozeptive Wahrnehmungen mit spezifischen Affekten verbunden sind. Keine Sensation führt jedoch zu einem „indifferenten" Affekt.

Psychomotorische Anfälle und allgemeine Affekte

Allgemeine Affekte unterscheiden sich von spezifischen und basalen Affekten dadurch, dass sie sich auf Situationen, Individuen oder Dinge beziehen können. Sie zeichnen sich zudem dadurch aus, dass sie sowohl durch körperliche Wahrnehmungen, als auch durch äußere Stimuli induziert werden können. Die allgemeinen Affekte sind auch von der aktuellen Stimulation unabhängig und können somit persistieren oder wiederkehren, etwa indem sie durch kognitive Prozesse reaktiviert werden. MacLean weist darauf hin, dass bestimmten Formen des Verhaltens auch spezifische allgemeine Affekte zuzuordnen sind (MacLean, 1970). Dem beobachtbaren Such- bzw. Appetenzverhalten wäre dementsprechend ein Gefühl des Wunsches bzw. des Verlangens zuordenbar. Derartige Gefühlszustände werden nicht selten von Patienten mit psychomotorischen Anfällen im Rahmen einer Aura angegeben, etwa in Form des Gefühles „etwas Bestimmtes zu wollen" (Williams, 1956).

Einer anderen Verhaltensweise, der Aggression, wäre das subjektive Empfinden des Zornes zuordenbar. In weiterer Folge können Schutzhandlungen angeführt werden, denen das Gefühl der Angst entspricht, Trennungsverhalten, zu dem das Verlassenheitsgefühl und die Trauer zählen, sowie triumphales und fürsorgliches Verhalten, die mit Glücksgefühlen bzw. mit Gefühlen der Zuneigung assoziiert sind. Für nahezu jede soeben beschriebene Emotion finden sich korrelierende affektive Korrelate bzw. Sensationen im Rahmen von psychomotorischen Anfällen.

In diesem Zusammenhang sollen sogenannte unbestimmte Affekte nicht unerwähnt bleiben, die aufgrund ihrer Eigenschaften weder den basalen, spezifischen, noch den allgemeinen Affektzuständen zuordenbar sind. Zu den unbestimmten Affekten zählen Gefühle der Vertrautheit bzw. der Fremdheit – die möglicherweise zwei Pole einer Kategorie darstellen – sowie veränderte Wahrnehmungen von Zeit und Raum. Auch für diese emotionellen Empfindungen existieren entsprechende Aurasensationen.

Die Phänomenologie psychomotorischer Auren mit den entsprechenden isolierten affektiven Wahrnehmungen – ohne jedweden kausalen Zusammenhang mit kognitiven Prozessen – liefert einen eindrucksvollen Beweis für die bereits auf neuronaler Ebene vorliegende Dissoziation zwischen Kognition und Emotion, und somit zwischen Paläo- und Neo-Säugetiergehirn.

Psychomotorische Automatismen

Der Aura folgt in der Regel eine Bewusstseinsstörung, die auch die einzige Anfallsmanifestation darstellen kann. In vielen Fällen kommt es im weiteren Anfallsverlauf jedoch zusätzlich zu motorischen Phänomenen. Diese sogenannten Automatismen oder motorischen Schablonen manifestieren sich z. B. rein somatomotorisch in Form von oro-alimentären Automatismen als Kau-, Schmatz-, oder Schluckbewegungen. Die motorischen Phänomene können auch im Bereich der Extremitäten in Erscheinung treten und als Handautomatismen zu Nestelbewegungen, Wischbewegungen, oder Gestikulationen führen. (Engel, 1997). Zu somatoviszeralen Automatismen zählen kardiovaskuläre Symptome (Tachykardien), respiratorische und vokale Manifestationen (Husten, Hyperventilation, Schreien, Pfeifen etc.) oder thermoregulatorische Phänomene (Gänsehaut, Zittern, Schwitzen). Im weiteren Sinn können auch urogenitale Automatismen in diesem Zusammenhang genannt werden. Neben Automatismen in Form von Urinieren, mit Einnehmen der entsprechenden Körperhaltungen, existieren auch Beschreibungen von genitalen Automatismen im Rahmen psychomotorischer Anfälle, die von genitalen Nestelbewegungen bis zu masturbatorischen Handlungen und stoßenden Beckenbewegungen reichen (Leutmezer, 1999; Dobesberger, 2004).

Komplexere Automatismen können im Zusammenhang mit den bereits beschriebenen Auren (vor allem mit den assoziierten allgemeinen Affekten) auftreten, etwa als Suchbewegungen, als aggressive oder zärtliche Handlungen. Komplexe Automatismen können unter Umständen sogar die Form teils kohärenter Handlungsabläufe annehmen, wie etwa bei Patienten, die im Rahmen eines Anfalles weiterhin Fahrzeuge lenken, oder einfache Arbeiten weiterführen können. Sie amnesieren diese Tätigkeiten jedoch postiktal.

Insbesondere die Beobachtungen von komplexen iktalen Automatismen legen die Frage nahe, ob es sich bei diesen Manifestationen um angeborene oder erworbene Verhaltensmuster handelt. Iktale Verhaltensautomatismen, wie etwa das nicht selten beobachtete Trommeln der Fäuste gegen die Brust, erinnern frappant an das Verhalten von Primaten und lassen diesbezüglich an eine angeborene atavistische Geste denken. Aber auch Automatismen, wie das Werfen des eigenen Körpers gegen die Wand, könnten in dieser Hinsicht als archaische angeborene Verhaltensweisen interpretiert werden, die als phylogenetisches Erbe menschlichen Vorfahren einst als Schutzreflex dienten (z.B. als Befreiungshandlung nach Sturz in eine Grube). Automatismen in Form des Entledigens der Kleidung erscheinen unter diesem Blickwinkel ebenfalls als möglicher angeborener Primitivreflex, um sich von „Umschnürungen" bzw. Gefangenschaft zu befreien (MacLean, 1990).

Die hierarchische Struktur des Triune Brain Konzeptes von Paul MacLean ermöglicht neue und ungeahnte Einsichten in bisher ungeklärte klinische Phänomene. Mit MacLeans Konzept und den bekannten Erscheinungen der psychomotorischen Epilepsie, können bestimmte Handlungen des Menschen als plötzlich auftretende atavistische bzw. regressive Phänomene interpretiert und verstanden werden, deren Ursprung im evolutionär alten Limbischen System zu finden ist. Ein derartiges klinisches Phänomen ist die von Pontius beschriebene „Limbic Psychotic Trigger Reaction" (LPTR), die als Subtyp psychomotorischer Anfälle angesehen werden kann (Pontius, 1993). Die LPTR ist charakterisiert durch plötzlich auftretende Handlungen, die mit autonomen Symptomen und einer transienten Psychose assoziiert sind. Die Handlungen beginnen und enden üblicherweise plötzlich, erfolgen emotionslos, und weisen durchwegs anfallsspezifische Abläufe auf, in Form von Aura, Anfall und postiktaler Phase. Die im Rahmen von solchen „Verhaltensanfällen" getätigten Handlungen – die in den bisher dokumentierten Fällen zumeist aus Mord bestanden – richten sich typischerweise gegen Fremde, die für den Täter einen spezifischen Stimulus darstellen. Der individuelle Stimulus scheint dabei im Täter eine Triggerung von Erinnerungen an zuvor erlebte Stresssituationen zu bewirken. Besonders typisch sind ferner das fehlende Motiv für den Akt, der Ich-dystone Charakter, sowie das erhaltene Bewusstsein und die fehlende Amnesie für die Handlung. Diese ist möglicherweise

durch die fehlende Einbeziehung temporaler neokortikaler Areale zu erklären, im Gegensatz zur iktalen Propagation in diese Strukturen im Rahmen von typischen psychomotorischen Anfällen. Die LPTR scheint zudem mit einer passageren Aufhebung fronto-limbischer Verbindungen einherzugehen, die die psychoseartige Symptomatik der Handlungen erklären würde. Aus neuroethologischer Sicht könnten auch derartige komplexe und organisierte Handlungen als atavistische bzw. archetypische Verhaltensmuster betrachtet werden, die in Urzeiten zum normalen Verhaltensrepertoire gehörten und im Laufe der Phylogenese durch zunehmende fronto-limbische Interaktionen inhibiert wurden (Pontius, 2002).

3.3.3.2 Elektrische Stimulation und Läsionen des Limbischen Systems

Die elektrische Stimulation bestimmter Hirnregionen gewährt Einblicke in die Funktionsweise der entsprechenden Areale. Am Cortex reichen diese induzierten Erscheinungen von motorischen bis zu sensiblen und sensorischen Phänomenen. Die Erstbeschreibung, der durch Stimulation des menschlichen Temporallappens induzierten mentalen Phänomene, gelang dem kanadischen Neurochirurgen Wilder Penfield (Mullan & Penfield, 1959), der auch für den experimentellen Nachweis der Somatotopie der menschlichen sensomotorischen Cortexareale verantwortlich zeichnet. Er bestätigte damit die bereits von Hughlings Jackson postulierte Zuweisbarkeit von Körperregionen an bestimmte Cortexareale. Die ersten durch Stimulation des Temporallapens evozierten Phänomene umfassten komplexe Halluzinationen, déjà-vu Erlebnisse, Angstgefühle oder Amnesie. Die später durch Halgren und Mitarbeiter unternommenen spezifischen Stimulationen des Hippocampus und der Amygdala des Menschen erbrachten ganz ähnliche Ergebnisse. Der Großteil der Patienten berichtete ebenfalls über induzierte halluzinatorische Bilder oder Szenen, über Emotionen der Angst bzw. Furcht, viszerale oder epigastrische Sensationen, sowie über vielfältige elementare sensorische Wahrnehmungen visueller, auditorischer oder propriozeptiver Natur (Halgren, 1978). Diese Erscheinungen korrelieren exakt mit den beschriebenen Wahrnehmungen von Patienten im Rahmen psychomotorischer Anfälle, deren Anfallsursprung ebenfalls in diesem Bereich des Limbischen Systems liegt. Über den Mechanismus, wie eine punktuelle elektrische Stimulation in diesem Gehirnareal nicht nur zu einzelnen sensorischen Perzeptionen, sondern auch zu komplexen mentalen Wahrnehmungen (Halluzinationen, dreamy states, déjà-vu, jamais-vu) führt, kann nach wie vor nur spekuliert werden. Mehrere Autoren vertreten die Ansicht, dass die Induktion komplexer mentaler und emotionaler Inhalte durch Stimulation an einem spezifischen Areal dafür spricht, dass diese Region Zugang zu einer diffusen, weitverzweigten neuralen Repräsentanz im Cortex haben muss. Die mit psychomotorischen Anfällen verbundenen Erscheinungen legen zudem die Vermutung nahe, dass das Limbische System Verbindungen zu allen intero- und exterozeptiven Systemen besitzt. Die Phänomene psychomotorischer Anfälle und elektrische Stimulationsversuche am Temporallappen implizieren, dass die kortikalen sensorischen Bahnen zum Limbischen System eine ähnliche Topik aufweisen, wie jene sensorischen Afferenzen, die von einzelnen Thalamuskernen zu spezifischen Cortexarealen projizieren. Die von umschriebenen sensorischen Cortexarealen ausgehenden Bahnen wären demnach als kegelförmig angeordnete Afferenzen („biocones") vorzustellen, die mit den jeweils spezifischen limbischen Strukturen Verbindungen eingehen (Abb. 43). Da der Hippocampus Afferenzen von nahezu allen limbischen Arealen erhält, bildet er ein

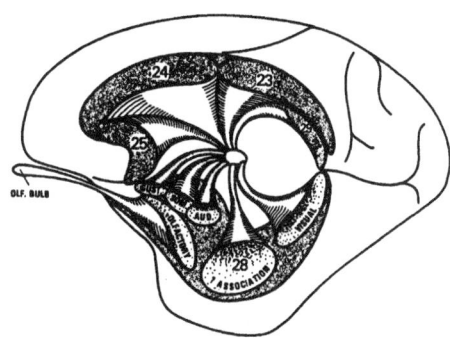

Abb. 43. Medialer Schnitt durch das Gehirn eines Rhesusaffen mit Darstellung der einzelnen sensorischen Afferenzen (biocones) zum Limbischen System (MacLean, 1990). Copyright: Springer-Verlag.

Integrationszentrum sowohl für intero- als auch exterozeptive Informationen (MacLean, 1975c).

Die Integration von Informationen aus intero- und exterozeptiven Systemen und der damit verbundene Einfluss auf vegetative, viszerale und emotionale Funktionen weisen dem Hippocampus eine besondere Rolle in der Entwicklung eines Gefühls der Individualität und der damit verbundenen Aspekte des Gedächtnisses zu. Die sogenannten Theta-Oszillationen des Hippocampus scheinen, jüngsten Studien zufolge, das neurophysiologische Substrat von Gedächtnisprozessen bzw. der Gedächtniskonsolidierung zu sein (Buzsaki, 2002).

Läsionsstudien des menschlichen Limbischen Systems bestätigen dessen Bedeutung für die Integration von Signalen, die von intero- und exterozeptiven Systemen stammen. Hebben und Mitarbeiter (Hebben, 1985) berichteten über einen Patienten, der nach Resektion beider Temporallappen aufgrund therapierefraktärer Epilepsie eine Unfähigkeit entwickelte, innere Zustände bzw. Bedürfnisse wahrzunehmen, bzw. darüber zu berichten. Im Vergleich zu anderen Patienten mit globaler Amnesie wies Hebbens Patient deutliche Einschränkungen in seiner Fähigkeit auf, körperliche Bedürfnisse und Wahrnehmungen wie Hunger, Durst oder Schmerz zu rezipieren und zu interpretieren, so als habe er weniger Zugang zu dieser interozeptiven Information. Es konnte damit gezeigt werden, dass dieses Defizit nicht auf eine Funktionsstörung des Gedächtnisses zurückzuführen, sondern mit dem Fehlen der Amygdala in Zusammenhang zu bringen ist.

Patienten mit einem seltenen genetischen Syndrom, der Urbach-Wiethe Erkrankung, bieten die einzigartige Möglichkeit, die Funktion der Amygdala zu studieren (Urbach & Wiethe, 1929). In einem geringen Prozentsatz der Erkrankten kommt es zu einer selektiven Verkalkung der Amygdala beidseits. In experimentellen Untersuchungen zeigten diese Patienten ein erhebliches Defizit in ihrer Fähigkeit, Gefühlsausdrücke im Gesicht anderer Personen zu erkennen, bzw. diese affektiv zu interpretieren (Adolphs, 1994,1999). Dieses Unvermögen korreliert mit der zuvor für das Limbische System postulierten Funktion insofern, als es sich hier um eine exterozeptive Störung der Wahrnehmung bzw. Verarbeitung von emotionalen Signalen handelt. Ein weiterer Bericht über einen Patienten mit beidseitiger selektiver Amygdalaläsion belegt, dass der Amygdala mit ihren Verbindungen zum Hippocampus eine entscheidende Rolle im Abspeichern und Erinnern autobiographischer Inhalte zukommt. In der neuropsychologischen Testung des Patienten ergab sich insofern eine auffallende Befundkonstellation, als dieser, erhaltene Gedächtnisfunktionen für autobiographische Fakten, jedoch eine isolierte Störung für das Erinnern autobiographischer Episoden aufwies (Wiest, 2006). Autobiographische Episoden unterscheiden sich von Fakten insofern, als Ersteren eine Assoziation mit emotionalen Inhalten zu eigen ist. Eine Reihe von weiteren Studien unterstützt die Annahme, dass die Amygdala essentiell an der Konsolidierung von emotionalen autobiographi-

schen Inhalten beteiligt ist (McGaugh, 2004; Buchanan, 2005). Es scheint, als ob gerade diese Möglichkeit der Abspeicherung und der Erinnerung von emotional gekoppelten Erlebnisinhalten (von „ongoing experiences") entscheidend zum Gefühl der Individualität des Menschen beiträgt (MacLean, 1969).

3.4 Das Neo-Säugetiergehirn (Neocortex)

3.4.1 Die Evolution des Neocortex

Das für die Hirnrinde gebräuchliche Synonym des „Pallium" (Mantel) unterstreicht bildlich die anatomische Gegebenheit, dass der Cortex die subkortikalen Gehirnstrukturen wie ein Mantel umhüllt. Vergleichend anatomische Studien belegen, dass alle Vertebraten eine – wenn auch oft nur rudimentär ausgebildete – Hirnrinde besitzen (Abb. 44).

Fische und Reptilien weisen diesbezüglich eine nur aus drei Schichten bestehende Cortexplatte auf, die vor allem Afferenzen vom Rhinencephalon erhält und andere sensorische und somatosensorische Verbindungen besitzt. Erst bei den Säugetieren kommt es zu einer deutlichen Expansion der Hirnrinde, gleichzeitig nehmen Thalamus und die thalamo-kortikalen Verbindungen deutlich an Größe zu und werden damit zum wichtigsten afferenten System für den Cortex (Jerison, 1973). Diesen anatomischen Gegebenheiten Rechnung tragend, umfasst der von MacLean geprägte Begriff des Neo-Säugetiergehirns sowohl den Neocortex, als auch die mit ihm assoziierten thalamischen Verbindungen (MacLean, 1990). Im Gegensatz zum Limbischen System, mit seinen kortikalen Anteilen, kam es im Laufe der Evolution zu einer massiven Expansion des Neocortex, die schließlich in der Entwicklung der menschlichen Hirnrinde gipfelte. Aufgrund seiner ausgeprägten Vernetzung mit einer Vielzahl von sensorischen Systemen, wie etwa dem

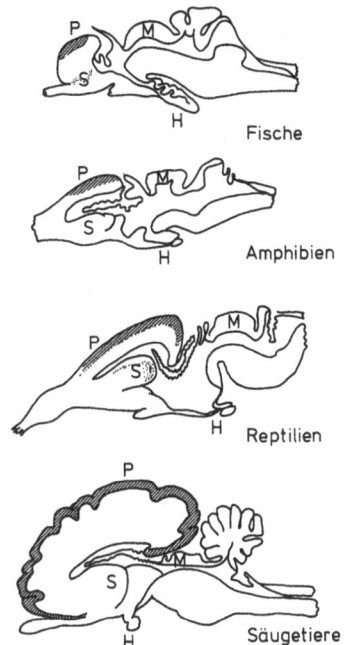

Fische

Amphibien

Reptilien

Säugetiere

Abb. 44. Die Phylogenetische Entwicklung der Hirnrinde am Beispiel verschiedener Vertebraten. Ein definitiver Neocortex (schraffiert) findet sich erst bei Säugetieren. H = Hypophyse, S = Striatum, M = Mittelhirn, P = Pallium. (Creutzfeld, 1983). Copyright: Springer Verlag.

visuellen, somatosensorischen bzw. -motorischen System, sowie dem akustischen oder dem vestibulären System, ist der Neocortex vor allem mit exterozeptiven Aufgaben befasst. Die einzigartige Fähigkeit zur sprachlichen Kommunikation ermöglicht zudem erstmals in der Evolutionsgeschichte die interindividuelle Vermittlung von Denkinhalten und den damit verbundenen subjektiven Empfindungen bzw. inneren Zuständen. Diese neue Errungenschaft der Hirnrinde legte den Grundstein zur abstrakten Informationsübermittlung zwischen den Individuen und ebnete den Weg – letztlich über Generationen hinweg – zur Sozialisation und der Schaffung von Kultur.

Da sich die bisherigen Ausführungen vorwiegend mit den Konzepten der evolu-

tionären Neuroethologie beschäftigten, sollen hier, neben kognitiven Aspekten, vor allem jene neokortikalen Funktionen berücksichtigt werden, die mit den bisher behandelten Konzepten der paläopsychischen Prozesse und der prosematischen Kommunikation in Zusammenhang stehen. Paläopsychische Prozesse umfassen bekanntlich die Protomentation und die Emotomentation. Der Terminus Protomentation bezieht sich auf psychische Funktionen, die mit der Regulierung basaler Verhaltensroutinen und bestimmten Verhaltensmustern der non-verbalen Kommunikation befasst sind. Der Begriff der Emotomentation beschreibt dagegen eine psychische Tätigkeit, die Verhalten aufgrund der subjektiven Wahrnehmung von Emotionen reguliert bzw. beeinflusst. In Analogie zu diesen non-verbalen Funktionsweisen würde die „Ratiomentation" somit der rationalen, selbst-bewussten Tätigkeit des menschlichen Neocortex entsprechen. Die bereits in den Kapiteln zuvor dargelegten spezifischen Funktionsweisen und Charakteristika des R-Komplexes („Protomentation") und des Limbischen Systems („Emotomentation") legen die Frage nach der Bedeutung des Neocortex für diese phylogenetisch älteren Gehirnstrukturen nahe.

Den gegenwärtigen Vorstellungen zufolge, ist ausschließlich der Neocortex des Frontallappens für die Interaktion von kognitiven und proto-, sowie emotomentalen Inhalten verantwortlich (Abb. 45).

Die evolutionäre Sichtweise eines expandierenden, insbesondere frontalen, Neocortex mit den entsprechenden Verbindungen zu den archaischen Gehirnstrukturen des Striatums und des Limbischen Systems, gewährt neue Einblicke und Erklärungsmodelle in bisher ungelöste Phänomene menschlicher Erfahrungen. Entsprechend sollen hier Aspekte von neuralen und evolutionären Mechanismen spezifisch menschlicher Verhaltensweisen erörtert werden.

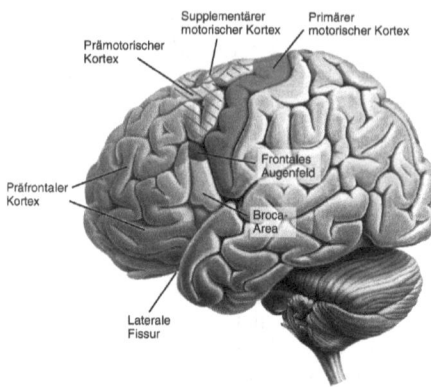

Abb. 45. Gliederung der funktionellen Regionen des Frontallappens im menschlichen Gehirn. (Karnath & Thier, 2003). Copyright: Springer Verlag.

3.4.2 Lachen und Weinen

3.4.2.1 Neurologische Aspekte des Lachens

Lachen zählt zu den grundlegenden Verhaltensphänomenen des Menschen. In Verbindung mit Humor und Freude gehört das Lachen zu den ureigensten menschlichen Eigenschaften. Im Gegensatz zum spontanen Lachen, das mit Humor bzw. emotionalen Stimuli assoziiert ist, kann das sogenannte symptomatische oder pathologische Lachen an Patienten mit bestimmten Hirnläsionen, bzw. mit sogenannter gelastischer Epilepsie, beobachtet, oder durch elektrische kortikale Stimulation induziert werden. Derartige Phänomene gewähren einzigartige Einsichten in die neuralen Mechanismen des Lachens und des Gefühls der Freude. Eines der Hauptmerkmale des pathologischen Lachens ist das Fehlen des korrelierenden Affektes und der willkürlichen Kontrolle über den Lachakt (Poeck, 1969).

Die Gehirnstrukturen, die bisher mit pathologischem Lachen in Zusammenhang gebracht wurden, nehmen ihren Ausgang vom frontalen Cortex und reichen bis zu den ventralen Anteilen des Mittelhirns und dem Hirnstamm. Die Rolle des Frontallappens, insbesondere des präfrontalen Cortex, als zentrales Steuerungsareal des Lachens, ist durch Läsionsstudien am Menschen gut belegt (Mendez, 1999; Zeilig, 1996). Affektloses Lachen wurde auch bei subkortikalen Schädigungen des Gehirns beschrieben, hier insbesondere bei Läsionen im Bereich des Striatums und der Capsula interna (Ceccaldi, 1994; Kim, 2000), sowie bei paramedianen Hirnstamminfarkten (Kataoka, 1997). Die Bedeutung des Cerebellums für das Lachen ist nach wie vor umstritten. In Analogie zu seiner Funktion in der Motorik wurde dem Cerebellum von einigen Autoren auch für das Lachen eine koordinierende und modulierende Fähigkeit zugewiesen (Brown, 1967; Parvizi, 2001).

Die elektrische Stimulation des Cortex ist eine weitere Methode, um Informationen über das neurale Netzwerk des Lachens zu gewinnen. Diesbezüglich belegen Berichte von Stimulationsversuchen am Menschen, dass die Reizung des frontalen Cortex und der Amygdala Lächeln induziert (Fish, 1993). Lachen in Verbindung mit einem entsprechenden positiven Affekt konnte bei zwei Patienten durch kortikale Stimulation des fusiformen und des parahippocampalen Gyrus hervorgerufen werden, wobei die Patienten dabei einen lächelnden Gesichtsausdruck zeigten und über ein Gefühl der Freude berichteten (Arroyo, 1993). Emotionales Lachen konnte zudem bei elektrischer Reizung frontaler, für die Ausführung von Motorprogrammen verantwortlicher Cortexareale – dem superioren frontalen Gyrus und dem supplementär motorischen Areal (SMA) – induziert werden (Fried, 1998; Krolak-Salmon, 2006). In Bezug auf das durch epileptische Anfälle induzierte Lachen, die sogenannte gelastische Epilepsie, ist zu erwähnen, dass diese Anfälle ihren Ursprung zumeist in frontalen, temporalen oder hypothalamischen Arealen haben.

Im Gegensatz zur reflektorischen Charakteristik des Lachens ist für den Humor ein Zusammenspiel mehrerer höherer Systeme bzw. kognitiver Funktionen erforderlich. Zur Erfassung eines humorvollen Inhaltes bedarf es, neben der Aktivierung von Aufmerksamkeits- und Gedächtnissystemen, auch der Fähigkeit zur emotionalen Evaluation und verbalen Abstraktion. Studien an Patienten mit fokalen Hirnläsionen bestätigen, dass die frontalen Anteile der nicht-dominanten Hemisphäre essentiell am Verständnis und der Wahrnehmung von Humor beteiligt sind (Gardner, 1975; Shammi, 1999). Das Aufkommen neuer Imagingtechniken, wie etwa des funktionellen MRI, trug entscheidend zur Identifizierung von weiteren mit dem Humor assoziierten Gehirnarealen bei. Gegenwärtig wird von einem neuralen Netzwerk ausgegangen, das vorwiegend kortikale Areale (den mittleren und inferioren frontalen Gyrus, den mittleren und inferioren temporalen Gyrus, den orbitofrontalen und medialen präfrontalen Cortex, das Broca-Areal, das SMA, den visuellen Assoziationscortex und den anterioren temporalen Cortex), aber auch das Putamen und das Cerebellum umfasst (Goel, 2001).

In Zusammenschau des aktuellen neurologischen Wissensstandes ergibt sich ein Bild, wonach Lachen als menschliches Verhaltensphänomen betrachtet werden kann, das sowohl motorische, affektive, als auch kognitive Komponenten beinhaltet. Nach der derzeitigen Datenlage sind vor allem frontale und temporale Strukturen, als Teil eines neuralen Netzwerkes, in der Wahrnehmung von Humor involviert. Dorsale Hirnstammregionen sind dabei für die Aktivierung der mit dem Lachen assoziierten Gesichtsmuskeln verantwortlich. Diese Reaktionen werden durch ventrale Hirnstammregionen inhibiert, die wiederum unter dem Einfluss frontaler Areale stehen (Abb. 46). In einem derartigen Modell würden cerebelläre Strukturen den Lachakt automatisch dem kognitiven und situativen Kontext anpassen.

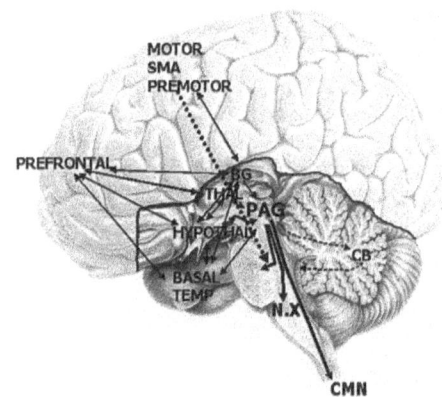

Abb. 46. Schematische Illustration jener neuralen Strukturen, die für das Lachen und die Wahrnehmung von Humor verantwortlich sind (Wild, 2003). Die Bahnen des PAG, die wahrscheinlich das Signal zum Lachen fortleiten, sind in der mesencephalen und pontinen Region dorsal lokalisiert, während die Bahnen der frontal motorischen Areale, die wahrscheinlich das emotionale Ausdrucksverhalten im Gesicht hemmen, ventral verlaufen. BASAL TEMP = basaler Temporallappen, inklusive der Amygdala; CB = Cerebellum; CMN = cervikale Motoneurone; BG = Basalganglien; HYPOTHAL = Hypothalamus; MOTOR = motorisches Areal; N.X = Nucleus des Nervus Vagus; PAG = periaquäduktales Grau; PREFRONTAL = medialer und dorsolateraler präfrontaler Cortex; PREMOTOR = prämotorisches Areal; THAL = Thalamus. Copyright: Oxford University Press.

3.4.2.2 Neuroevolutionäre Aspekte des Lachens

Im Verständnis der evolutionären Neuroethologie könnte sich das Lachen aus primitiven Verhaltensweisen der menschlichen Vorfahren entwickelt haben (Panksepp, 1998). Darwin beschrieb bereits dem Lachen ähnliche Vokalisationen bei Schimpansen, und verwies auf die Ähnlichkeiten mit dem menschlichen Lachen. Panksepp (Panksepp, 2005) konnte nachweisen, dass sogar Ratten während des Spiels oder während anderer positiver Interaktionen Vokalisationen im Ultraschallbereich von sich geben. Da diese Reaktionen auch durch das Kitzeln der Tiere hervorgerufen bzw. verstärkt werden können, ist die Vermutung naheliegend, dass hier neurale und funktionelle Homologien zum menschlichen Lachen bestehen. Die Annahme, dass es sich beim Lachen um eine alte instinktive und möglicherweise angeborene Verhaltensweise handelt, wird durch die Tatsache unterstützt, dass Kinder im Alter von vier Monaten die Fähigkeit zum Lachen bzw. Lächeln entwickeln, selbst wenn sie blind und taub geboren wurden. Aus demselben Grund muss zwischen den spontanen freudvollen Vokalisationen von Kleinkindern und Tieren, während sozialer Interaktionen, und dem Humor-assoziierten Lachen Erwachsener unterschieden werden. Aus phylogenetischer Sicht könnte das Lachen auch anderen Funktionen der menschlichen Kommunikation und Sozialisation gedient haben. Für einige Autoren repräsentiert das Lachen etwa nicht nur den positiven affektiven Zustand eines Individuums, sondern es kann auch aktiv die emotionale Empfindlichkeit oder das Verhalten eines Zuhörers beeinflussen (Owren, 2003). Nach diesen Vorstellungen ist das Lachen eine für die Spezies spezifische Verhaltensweise, die positive Emotionen signalisiert und gleichzeitig andere Individuen einer Gruppe dazu veranlasst, positive Gefühle mit dem Sprecher zu assoziieren. Dieser Effekt zielt also darauf ab, im Zuhörer denselben freudigen Zustand zu induzieren und einen positiven Kontext für soziale Interaktionen zu schaffen.

Phänomenologisch betrachtet ist es von Interesse, dass auch die Ethologie zwischen sozialem Lächeln und dem Lachen unterscheidet (Stroufe, 1976). Es wäre in diesem Zusammenhang vorstellbar, dass sich das Lächeln (aufgrund des Sichtbarwerdens der Zähne) aus archaischen Drohgebärden der Säugetiere entwickelt hat. Das menschliche Lächeln würde damit von diesen alten vorbestehenden Interaktionsformen abstammen, und so kommunizieren, dass man prinzipiell freundlich gesinnt ist, jedoch jederzeit für eventuelle Auseinander-

setzungen gewappnet sei. Nach Panksepp habe sich das Lachen aus einem anderen zerebralen Netzwerk, nämlich aus dem für das Spiel (PLAY) verantwortlichen System entwickelt (Panksepp, 1998). Die Ursprünge des Lachens wären damit auf phylogenetisch alte Komponenten des Spielverhaltens zurückzuführen.

Ein weiteres neuroevolutionäres Konzept, hinsichtlich der Herkunft des Lachens und des Humors, geht von einer Theorie des „falschen Alarmes" aus. Nach diesen Anschauungen zeichnet sowohl das Lachen als auch den Humor eine Zunahme von Erwartungen aus. Diese Erwartungen werden in beiden Fällen in der Folge durch eine plötzliche unerwartete Wendung (ein lustiges Ereigniss oder eine Pointe) unterbrochen. Solange die unerwartete Wendung sich als nicht bedrohlich erweist, führt dies auch zu einer Abnahme der Erwartungen. Die laute und explosive Vokalisation dient dazu, um andere darüber zu informieren, dass es sich um einen"falschen Alarm" handelt, den sie nicht beachten müssen (Ramachandran, 1998). Ein Beispiel soll den Mechanismus genauer illustrieren: Wenn sich eine Person im Rahmen eines Sturzes ernsthaft verletzt, reagiert ein Beobachter üblicherweise nicht mit Lachen, sondern fühlt sich vielmehr dazu veranlasst, der Person zu Hilfe zu eilen. Verletzt sich die Person jedoch nicht (dies stellt die Standardsituation für jeden slapstick Humor dar), verspürt der Beobachter einen Drang zu lachen, und signalisiert damit anderen Beobachtern, dass diese nicht zur Hilfe eilen müssen (entsprechend einer „Entwarnung"). In dieser Sichtweise erscheint das Lachen als soziales Signal des „falschen Alarmes" (Ramachandran, 2003). Folglich wären Witze Versuche, Signale bzw. Inhalte, die normalerweise eine Störung bzw. ernsthafte Gefahr darstellen würden, zu minimalisieren bzw. zu trivialisieren. In diesem Licht wäre man versucht, eine Korrelation zwischen der menschlichen kognitiven Evolution und der Entwicklung von Humor und Witz herzustellen, indem ein Mechanismus, der ursprünglich als ethologisches Signal diente, um Angehörige einer sozialen Gruppe zu entwarnen, im Zuge der Phylogenese internalisiert wurde und nunmehr ausschließlich mit kognitiven Aspekten bzw. Anomalien befasst ist, im Sinne eines psychologischen Abwehrmechanismus. Die Entwicklung differenzierterer kognitiver Funktionen beim Menschen führte letztlich auch zu vermehrter (nicht konfliktfreier) Interaktion mit den instinktiven Komponenten des Verhaltens, sodass mit der Evolution des Humors ein altes Verhaltensinstrument durch Internalisierung, weniger mit externen Signalen, als mit inneren Konflikten beschäftigt ist. Aus systemtheoretischer Sicht wurde somit aus einem ehemeligen geschlossenen biologischen Programm ein offenes Programm.

3.4.2.3 Neurologie und Evolution des Weinens

Als Ausdruck eines Enthemmungsphänomen kann Weinen, ebenso wie Lachen, bei Patienten mit Hirnläsionen beobachtet werden (Poeck & Pilleri 1963). Da dieses sogenannte „pathologische Weinen" häufig mit „pathologischem Lachen" assoziiert ist, bzw. da beide Phänomene bei einem Patienten ineinander übergehen können, ist eine gemeinsame kortikale Steuerung dieser Verhaltensweisen anzunehmen. Die auslösenden Schädigungen des Gehirns sind zumeist im Bereich der Capsula interna, den Basalganglien, oder in thalamischen bzw. hypothalamischen Regionen zu finden (Poeck, 1985). Klinisch kommt es bei den betroffenen Patienten auf unspezifische äußere Stimuli zu unbeherrschbarem, plötzlich einsetzendem und nicht gesteuertem Weinen, mit entsprechenden akustischen, respiratorischen und vegetativen Erscheinungen. Pathophysiologisch wird angenommen, dass es dabei zu einer Enthemmung von pontinen und mesenze-

phalen Kontrollzentren kommt, die der Steuerung des anterioren cingulären Cortex unterliegen. In seltenen Fällen wurde über pathologisches Weinen im Rahmen tiefer Hirnstimulationen berichtet. Bei einem Patienten mit Parkinson´scher Erkrankung konnte bei Stimulation des Nucleus subthalamicus der rechten Hemisphäre pathologisches Weinen induziert werden. Da sich bei diesem Patienten, während der Stimulation in der PET, auch Aktivierungen nicht nur subthalamisch, sondern auch ponto-cerebellär zeigten, scheinen die zuletzt genannten Regionen ebenfalls an der psychomotorischen Kontrolle und der Modulation des Weinens beteiligt zu sein (Wojtecki, 2007). Im Vergleich zu gelastischen epileptischen Anfällen, ist iktales Weinen ein seltenes Ereignis. Bei den bisher dokumentierten Anfällen fand sich die iktale Aktivität ausschließlich in der rechten Hemisphäre, die offenbar für die Verarbeitung negativer Affekte bedeutsam ist (Luciano, 1993).

In der Diskussion von evolutionären Aspekten des Weinens bedarf die spezifisch menschliche Fähigkeit zur Tränensekretion einer besonderen Berücksichtigung. Obwohl manche Primaten Elemente des Weinens, bzw. korrelierende Vokalisationen, in ihrem Verhaltensrepertoire aufweisen, sind Menschen als einzige Lebewesen zum Weinen mit Tränensekretion befähigt. Ontogenetisch betrachtet, ist zu bemerken, dass das sogenannte „Schreiweinen" des Neugeborenen zunächst noch tränenlos ist. Manche Autoren gehen insofern von einem evolutionären Vorteil in der Fähigkeit zur Tränensekretion aus, als der im Laufe der menschlichen Evolution zunehmend abhängig gewordene Säugling durch die Tränenflüssigkeit bessere Sicht und damit Schutz vor äusseren Gefahren erhielt (Montagu, 1959). MacLean machte darauf aufmerksam, dass der Gebrauch des Feuers nur dem Menschen vorbehalten ist, und hier eine mögliche Verbindung zur Evolution der Tränensekretion bestehe. Er sieht einen Zusammenhang zwischen der Verwendung des Feuers in den Unterkünften bzw. Höhlen und der assoziierten Rauchentwicklung und induzierten Tränensekretion, sowie den sozialen Zusammenkünften und Kommunikationen der menschlichen Vorfahren um die Feuerstelle (MacLean, 1987). Diese Zusammenkünfte könnten als begünstigende Faktoren für die zunehmend differenzierteren sozialen und emotionalen Beziehungen der Urmenschen angesehen werden, und es wäre naheliegend, dass in diesem Kontext der Ursprung des Austausches negativer Emotionen und menschlicher Trauer zu finden wäre.

3.4.3 Händigkeit und Sprache

Der Wandel von der prosematischen Kommunikationsweise des Limbischen Systems, mit ihren undifferenzierten affektiven Vokalisationen, zur menschlichen Sprache, setzt aus evolutionärer Sicht nicht nur eine Expansion des frontalen Neocortex, sondern auch eine zunehmende Lateralisation von Hirnfunktionen voraus. Tatsächlich weist das menschliche Gehirn einen höheren Grad an Asymmetrie auf, als das von Primaten (Preuss, 2004). Anthropologische Studien gehen von einem relativ späten Spracherwerb (vor etwa 100.000 Jahren) in der Phylogenese des Menschen aus (Mellars, 1998). Die evolutionären Entwicklungen von Händigkeit und Sprache des Menschen scheinen dabei eng gekoppelt zu sein. Der genetische Aspekt der Sprachevolution gelangte erst in den letzten Jahren in den Blickpunkt der kognitiven neurowissenschaftlichen Forschung. Ein diesbezüglich isoliertes Gen, FOXP2, das sich bei Mensch und Schimpansen unterscheidet, konnte mit oromotorischer Koordination bzw. Artikulation in Zusammenhang gebracht werden (Enard, 2002).

Aus neuroevolutionärer Sicht ergibt sich eine Vielzahl an Erklärungsmodellen für die Lateralisation von Sprache und Händigkeit. Im Gegensatz zur Sprache, scheinen die

aus dem Limbischen System stammenden prosematischen Vokalisationen, die naturgemäß vor allem bei affektiven Ausbrüchen des Schmerzes, Erschreckens, Triumphes oder der Lust vorkommen, nicht von der zerebralen Asymmetrie und möglicherweise auch nicht von der Funktion des Neocortex selbst, abhängig zu sein. Anatomische Gegebenheiten stellen zusätzlich einen wichtigen Faktor in der Lateralisation der Sprachsteuerung dar. Penfield machte in dieser Hinsicht bereits im Rahmen von Stimulationsversuchen des Motorcortex darauf aufmerksam, dass die einseitige elektrische Reizung einer Hemisphäre immer eine kontralaterale, dem Cortexareal korrespondierende Bewegung induziert, außer bei Organen, die, wie die Zunge oder der Rachen, in der Mittellinie angeordnet sind (Penfield, 1951). Tatsächlich erscheint eine beidseitige motorische Innervation eines unpaaren, mittelliniennahen Organes neurologisch redundant, sodass eine einseitige Steuerung von evolutionärem Vorteil wäre. Angesichts der Tatsache, dass etwa 95 % der Menschen Rechtshänder sind, ergibt sich die Frage nach dem Grund der Verlagerung der motorischen Dominanz in die linke Hemisphäre. Eine Theorie, die die Bevorzugung der linken Hemisphäre, sowohl für die Sprachfunktion, als auch für die Händigkeit erklärt, nimmt Bezug auf die Tätigkeit der Urmenschen als Jäger im Gruppenverband. Da undifferenzierte prosematische Vokalisationen während der Jagd in der Gruppe stören, und für eine derartig komplexe Aufgabe eine koordinierende Kommunikation unter den Teilnehmern notwendig ist, scheint es plausibel, in dieser Tätigkeit einen begünstigenden Faktor für die Entwicklung eines präzisen Kommunikationsmittels, dessen Kontrolle nunmehr in den Neocortex verlagert wurde, zu sehen. Nachdem die geschickte Verwendung einer Waffe von eminenter Bedeutung für die Jagd ist, wäre es auch evolutionär von Vorteil, motorische und sprachliche Funktionen in dieselbe Hemisphäre zu verlagern, um so eine schnellstmögliche und effektive Koordination zu gewährleisten.

Eine weitere Hypothese zur Entstehung der Händigkeit bezieht sich auf die nachgewiesene Angewohnheit von Frauen, ihre Säuglinge am linken Arm zu tragen (Salk, 1960). Es wird angenommen, dass das Halten des Kindes auf der linken Seite mit einem beruhigenden Effekt des Kindes verbunden ist, da dieses die Herztöne der Mutter besser wahrnimmt. In der Folge stand im Laufe der Evolution die rechte Hand zunehmend für andere Funktionen zur Verfügung, und wurde somit zur Gebrauchshand für spezifischere motorische Aktivitäten. Der beruhigende Effekt für den Säugling hat jedoch nicht nur individuelle positiv emotionale Auswirkungen, sondern hätte in der Phylogenese auch insofern Überlebensvorteile gebracht, als ein schreiendes Kind in Gefahrensituationen für Familie und Gemeinschaft ein größeres Risiko dargestellt hätte (MacLean, 1985).

3.4.4 Vorausplanendes Verhalten, Altruismus und Empathie

Unter den höheren kognitiven Leistungen des Menschen zählt die Fähigkeit zum einsichtigen und vorausplanenden Verhalten sicherlich zu den bedeutendsten evolutionären Errungenschaften. Wie kaum eine andere Befähigung hat diese Eigenschaft den Menschen in die Lage versetzt, die Umwelt zu gestalten und letztlich Kulturen zu schaffen. Die Annahme, dass dieses Verhalten an neokortikale frontale Funktionen geknüpft ist, wird durch klinische Befunde von Patienten mit beidseitigen Läsionen des präfrontalen Cortex gestützt, da diese Patienten auffallende Defizite in der Planung und Erinnerung von Handlungsabfolgen aufweisen. Die Handlungen der Patienten gleichen vielmehr jenen von Kleinkindern, deren unreife präfrontale Strukturen noch kein vorausschauendes

Handeln zulässt. Handlungsoptionen werden üblicherweise unter Rücksichtnahme auf vergangene Erfahrungen und den gegenwärtigen Situationskontext entworfen. In Fällen, in denen es keine Erfahrungen bezüglich einer möglichen Problemlösung gibt, bzw. falls aus der gegenwärtigen Situation keine günstigste Option abzuleiten ist, ist das handelnde Individuum auf seine Fähigkeit, vorausschauend zu planen angewiesen. Diese kann auch als Antizipationsfähigkeit oder Intuition bezeichnet werden, also die Möglichkeit, sich auf bestimmte Erwartungen zu verlassen. Die Fähigkeit zu derartigem Verhalten kann experimentell etwa derart evaluiert werden, indem die Lösungsansätze von Personen bei Labyrinthaufgaben erhoben werden. Patienten mit frontalen Läsionen zeigten in unübersichtlichen Entscheidungssituationen deutliche Störungen in ihrem antizipierenden bzw. intuitiven Verhalten (Karnath, 1991). Ebenso wiesen derartige Patienten bei Aufgaben, die die Fähigkeit zur Berücksichtigung von Regeln und zur Konzeptbildung erfordern, eine Tendenz zu nicht nachvollziehbaren Lösungshypothesen auf (Burgess, 1996).

Wie bereits von MacLean im „Triune Brain"-Konzept ausgeführt, erscheint es unwahrscheinlich, dass selbst höchste kognitive Leistungen des Neocortex – wie etwa das vorausschauende und antizipatorische Verhalten – gänzlich ohne Interaktion mit evolutionär älteren Hirnregionen ausgeführt werden. Damasio et al. postulieren, dass sogenannte „somatische Marker" bei allen kognitiven Entscheidungsprozessen miteinbezogen werden (Damasio, 1991). Dieser Theorie zufolge, tragen die somatischen Marker, die alle viszeralen (man spricht auch vom „Bauchgefühl" bei bestimmten Entscheidungen) und nichtviszeralen Prozesse im Körper umfassen, dazu bei, sämtliche Alternativen möglicher Handlungen zu bewerten und letztlich eine erfolgreiche, konstruktive, und für das Individuum sichere Handlungsoption auszuwählen. Als Ausgangspunkt dieser Marker werden limbische Areale suspiziert, die ausgeprägte Verbindungen mit dem präfrontalen Cortex aufweisen. Die Vermutung Damasios, dass diese limbischen Komponenten insbesondere dann zur Geltung kommen, wenn eine rasche rationale Entscheidung nicht möglich ist, korreliert mit dem Postulat der evolutionären Neuroethologie, dass das Limbische System auch mit Überlebensstrategien und mit Aufgaben der Erhaltung der Art befasst ist.

Altruistisches, also uneigennütziges Verhalten, ist ein Phänomen, das bereits bei Tieren beobachtet werden kann. Der sogenannte „reziproke Altruismus" zwischen nicht verwandten Tieren ist dadurch charakterisiert, dass eine prinzipielle Umkehrbarkeit der Beziehung zwischen Altruist und Nutznießer besteht, sodass der Altruist mit großer Wahrscheinlichkeit die Leistung später vom Nutznießer rückerstattet bekommt. Damit ist das Verhalten aus evolutionärer Sicht mit den Prinzipien der natürlichen Selektion kompatibel. Das Phänomen des sogenannten „echten altruistischen Verhaltens", also uneigennütziger Handlungen ohne zu erwartende Vergeltungen, wurde erst durch die Einführung des Begriffes der „Verwandtenselektion" in der Ethologie erklärbar. Diese Form des Altruismus kommt ausschließlich verwandten Individuen zugute und führt zwar nicht zu einem unmittelbaren Überlebensvorteil des uneigennützig handelnden Tieres, dient aber über den Umweg der Verwandten dem Fortbestand der eigenen Gene. Die ethologischen Betrachtungsweisen und Erklärungsmodelle des Altruismus lassen sich auch auf menschliches uneigennütziges Verhalten übertragen (dies zeigt sich etwa in den bekannten Redewendungen „Eine Hand wäscht die andere", oder im Prinzip der „Vetternwirtschaft"). Im Falle eines Helfers jedoch, der einem fremden Verletzten zu Hilfe kommt, genügen ethologische bzw. biologische Ansätze nicht mehr, um dieses Ver-

halten zu erklären. Hier kommen vielmehr erworbene präfrontale Leistungen ins Spiel, da diese Handlungsweise nunmehr von der kulturellen Umgebung des Helfers erwartet wird. Derartige menschliche Verhaltensweisen stellen somit die Spitze der kulturgeprägten sozialen Interaktionen dar, die zwar biologisch nicht adaptiv, kulturell jedoch adaptiv sind.

Bei der Empathie handelt es sich um eine spezifisch menschliche Errungenschaft. Das Verhalten scheint sich aus dem elterlichen Fürsorgeverhalten entwickelt zu haben. Empathie erfordert die Fähigkeit, sich eine Vorstellung vom emotionalen Zustand des anderen zu machen. Für diese Eigenschaft scheint die Integrität des somatosensorischen Cortex entscheidend zu sein. In einer Studie an Patienten mit Läsionen in diesem Areal konnte nachgewiesen werden, dass die Betroffenen erhebliche Schwierigkeiten hatten, Emotionen anhand von Gesichtsausdrücken wiederzuerkennen (Adolphs, 2000). Es wird vermutet, dass es sich hier um eine Störung der Rekonstruktion von somatosensorischen Repräsentationen handelt, die offenbar erforderlich sind, um das Gefühl der anderen Person innerlich wahrzunehmen, bzw. mental zu simulieren. Der präfrontale Cortex scheint für empathisches Verhalten jedoch von eminenter Bedeutung zu sein, worauf sowohl neuropsychologische Tests (Shamay-Tsoory, 2003), als auch experimentelle Untersuchungen zur Erkennung von Emotionen anhand von Gesichtsausdrücken verweisen (Hornak, 1996). Die Vorstellung, dass das menschliche Einfühlungsvermögen in die Emotionen anderer eng mit mentaler Simulation verknüpft ist, wird durch die Entdeckung von sogenannten „Spiegelneuronen" erhärtet. Spiegelneurone, die im präfrontalen Cortex von Affen entdeckt wurden, zeigten dann Aktivierung, wenn ein Tier ein anderes bei bestimmten Handlungen beobachtete (Gallese, 1999). Ähnliche Neurone, die möglicherweise das neurale Substrat empathischer Empfindungen repräsentieren, wurden im anterioren Gyrus cinguli des Menschen lokalisiert. Diese Neurone reagierten nämlich nicht nur beim Fühlen von Schmerzen, sondern auch dann, wenn die Versuchsperson ein anderes Individuum, das unter Schmerzen litt, beobachtete (Hutchison, 1999).

Aus phylogenetischer Sicht scheint sich im Laufe der Evolution aus dem ursprünglichen elterlichen Fürsorgeverhalten für die Nachkommen, durch zunehmende Vernetzungen limbischer Strukturen mit dem Neocortex, eine Fähigkeit zur allgemeineren „Sorge" um, und Einfühlung in nunmehr auch andere Mitglieder der Spezies entwickelt zu haben, die auch die Artgrenze überwindet und damit Empathie gegenüber allen Lebewesen ermöglicht (MacLean, 1985).

3.5 Evolutionäre Neuroethologie und Psychopathologie

Die Konzepte der evolutionären Neuroethologie ermöglichen Erklärungsmodelle für bestimmte psychopathologische Phänomene, insbesondere für Störungen des Affektes. Letztere können in depressive und manische Zustände unterteilt werden. Depressionen und Manien stellen die häufigsten psychiatrischen Entitäten dar und werden in allen menschlichen Kulturen angetroffen. Vom Erscheinungsbild her imponieren Affektstörungen als übersteigerte Formen physiologisch vorkommender Emotionszustände, sodass die Depression als extreme Form des Trauergefühls und die Manie als übersteigertes Hochgefühl betrachtet werden können. Beide psychischen Erkrankungen können als isolierte (unipolare) Störung oder in Form von Mischzuständen, als sogenannte bipolare Störungen (manisch-depressive Störungen) vorkommen.

Depressive Zustände sind vor allem durch die klinischen Symptome der reduzierten Stimmungslage und des verminderten Antriebs charakterisiert. Zusätzlich weisen die Patienten Appetitlosigkeit, Schlafstörungen und Libidoverlust auf, gleichzeitig überwiegen pessimistische Gedanken. Umgekehrt kommt es bei der Manie zu Steigerungen der Stimmung – die vom Hochgefühl bis zur Gereiztheit reichen kann – und des Antriebs. Die Patienten verspüren dabei eine innere Getriebenheit und fallen durch ihr rastloses Verhalten, sowie durch ihre Unruhe und Ideenflucht auf.

Neben den derzeit vertretenen Ansichten, dass es sich bei diesen beiden Krankheitsbildern um genetische bzw. neurochemische Störungen handelt, gibt es Theorien, wonach diese Zustände im Laufe der Evolution als adaptive Mechanismen entstanden sind, als solche aber im gegenwärtigen sozialen Kontext des Menschen keinen Vorteil mehr bieten. Den Ausgangspunkt für derartige Erklärungsmodelle bildet das ethologische Prinzip des Dominanzverhaltens in Gruppen. Ethologische Untersuchungen zeigen, dass aggressive Tierarten, die in sozialen Gruppen zusammenleben, sogenannte Dominanzhierarchien errichten, um eine kampflose Koexistenz zu gewährleisten. Diese Hierarchien finden sich in allen sozial organisierten Spezies, von den Fischen und Vögeln bis zu den Primaten reichend (Schjelderup-Ebbe, 1922; de Waal, 1986). In derartigen Gruppen kommt es folglich zur Ausbildung einer sozialen Rangordnung, in der jedes Tier seinen Rang in Bezug zu jedem anderen Gruppenmitglied kennt. Durch diese vorgegebene Regelung von sozial übergeordneten und untergeordneten Gruppenmitgliedern wird bei jedem Aufeinandertreffen von Individuen ein neuerlicher Konflikt mit möglicher aggressiver Auseinandersetzung vermieden. Vergleichende Studien an Primaten zeigen, dass jene Tiere, die in großen Gruppen mit komplexen Dominanzhierarchien leben, einen größeren Neocortex, und damit höhere kognitive Fähigkeiten besitzen. Von manchen Autoren wird aufgrund dieser Tatsache ein direkter Kausalzusammenhang zwischen dominanzhierarchischer Sozialstruktur und Evolution des menschlichen Geistes hergestellt (Cummins, 1996).

In Bezug auf die Entstehung von Depression und Manie beim Menschen gehen evolutionäre Theorien davon aus, dass Zustände der Depression, der Angst und der Erregbarkeit emotionale Begleiterscheinungen von Verhaltensweisen darstellen, die für die Aufrechterhaltung von Dominanzhierarchien in sozialen Gruppen notwendig sind (Price, 1967). In diesem Zusammenhang ist zwischen Verhalten, das mit der Aufrechterhaltung der Hierarchien, und jenem, das mit Veränderungen in der Hierarchie verbunden ist, zu unterscheiden. In einer funktionierenden hierarchischen Gruppe reagiert ein dominierendes Mitglied dem untergeordneten gegenüber mit aggressivem und gereiztem Verhalten, das oft von bedrohlicher Haltung oder Vokalisation begleitet ist. Dieses Verhalten kann aber auch durchaus subtil verlaufen, etwa in Form einer bestimmten Blickzuwendung. Das Verhalten eines untergeordneten Gruppenmitglieds ist dagegen vorwiegend durch Angst charakterisiert. Analog zum dominierenden Verhalten, kann auch die submissive Haltung des untergeordneten Tieres diskrete Formen annehmen, wie etwa als kurzes Innehalten beim Begegnen mit einem übergeordneten Mitglied. Das gesamte Sozialverhalten einer derartig organisierten Gruppe ist durch diese hierarchische Regelung geprägt, sodass dominierende Individuen in ihrem Habitus eher ruhig und selbstsicher agieren, während untergeordnete eher „nervös" und vorsichtig erscheinen.

Eine Störung des hierarchischen Gefüges führt dagegen zu Instabilität und bedeutet Gefahr für die Gruppe, insbesondere wenn der Kampf zwischen zwei ebenbürtigen dominanten Mitgliedern langdauernde

Auseinandersetzungen nach sich zieht. Sieg und Niederlage, und der damit verbundene Aufstieg bzw. Abstieg in der Hierarchie, sind naturgemäß mit entsprechenden Affektzuständen bzw. Verhaltensmustern assoziiert. Ein Aufstieg wäre demnach mit einem Hochgefühl und ein Abstieg mit einem depressiven Affekt verbunden. Beide Reaktionsmuster hätten eine stabilisierende Wirkung auf die veränderte Gruppenstruktur, ähnlich wie die Aggresion und die Angst zur Aufrechterhaltung einer funktionierenden Hierarchie beitragen. Der evolutionäre Selektionsvorteil einer depressiven Verhaltensweise liegt vor allem darin, dass ein Individuum, das soeben eine Niederlage erlebt hat von neuerlichen Kampfhandlungen abgehalten wird, was letztendlich für das Individuum und die Gruppe überlebenswichtig ist.

Aus vergleichend-ethologischer Sicht erscheint es nachvollziehbar, die Verhaltensweisen eines in der Hierarchie absteigenden Tieres mit den Symptomen eines depressiven Patienten zu vergleichen. Beide zeigen Zeichen der Angst, des sozialen Rückzuges und der Unterlegenheit. Selbst der bei Patienten auffallende Verlust an Libido und Appetit wäre mit dem evolutionären Zweck erklärbar, ein hierarchisch abgestiegenes Tier vom neuerlichen Versuch eines Aufstieges abzuhalten.

Aus evolutionärer Warte betrachtet, wären psychopathologische Symptome somit als sogenannte „exzessive Residuen" von Verhaltensweisen anzusehen, die ursprünglich der Stabilisierung von funktionierenden und veränderten Gruppenhierarchien dienten. Diese exzessiven Residuen können in ängstlich-submissive und aggressive Formen unterteilt werden. Die „exzessiven ängstlich-submissiven Residuen" aus funktionierenden Hierarchien wären den Charakteristika von neurotischen und schizophrenen Störungen und die „exzessiv-aggressiven Residuen" den Symptomen impulsiver Persönlichkeitsstörungen zuordenbar. Analog wären die exzessiven Verhaltens-Residuen, die mit Veränderungen der Hierarchien verbunden sind, insofern mit psychiatrischen Krankheitsbildern kompatibel, als der Abstieg zur Depression und der Aufstieg zur Manie führen würde. Obwohl angenommen wird, dass der Selektionsdruck dieser hierarchischen Verhaltensweisen im Laufe der menschlichen Evolution abgenommen hat, so wäre das Fortbestehen der exzessiven Formen, also der psychopathologischen Symptome, dadurch zu erklären, dass der Zeitpunkt des Wegfalls der Selektion evolutionär gesehen noch zu rezent ist, um effektiv zu sein (Price, 1967).

Der Mangel eines validen pathophysiologischen Konzeptes manisch-depressiver Erkrankungen veranlasste auch andere Autoren, die bisher ausgeführten Theorien zu unterstützen und an einem evolutionstheoretischen Modell dieser Entitäten festzuhalten. In einer psychiatrischen Studie wurde versucht, eine Kongruenz zwischen sozialem Rang und assoziierten Verhaltensweisen bzw. Charaktereigenschaften nachzuweisen (Gardner, 1982). Im Rahmen dieser biographischen Untersuchung von ausgewählten bekannten Führungspersönlichkeiten postulierte Gardner, dass diese Personen mit hohem sozialen Rang einen auffallend hohen Grad an Energie, Arbeitsfreude, Geselligkeit und Humor, aber auch eine gewisse Ruhelosigkeit und Reizbarkeit aufwiesen (Gardner, 1982). Diese Ergebnisse würden die vorbeschriebenen Theorien über Dominanzhierarchien insofern unterstützen, als hier eine Korrelation zwischen Rang und assoziiertem Verhalten nachgewiesen wird. Zudem lässt sich daraus ableiten, dass pathologische Zustände möglicherweise nur eine (extreme) Variante eines normalen Verhaltens sein könnten.

Eine Ergänzung erfuhr das Konzept der Dominanzhierarchien durch die Einführung eines Begriffes aus der Verhaltensbiologie, nämlich dem „Resource-Halte-

Potential" (resource-holding potential, RHP). Dieses bezeichnet bei Tieren das Wissen um die eigene Kampfkapazität. Ein derartiges tierisches „Selbstkonzept" repräsentiert möglicherweise die evolutionäre Vorstufe des menschlichen Selbstwertgefühls (Parker, 1974) und entscheidet darüber, ob ein Tier bei einer Konfrontation die Eskalationsstrategie wählt und attackiert, oder zur Deeskalation tendiert und sich submissiv verhält, im Sinne einer unfreiwilligen Unterordnung (involuntary subordinate strategy, ISS). Das Verhalten der Unterordnung könnte beim Menschen als Vorstufe einer depressiven Störung angesehen werden.

Da im menschlichen Sozialverhalten nicht direkt von Dominanzhierarchien gesprochen werden kann, wurde von einigen Autoren in weiterer Folge der Begriff der „Social Competition" eingeführt, der dem phylogenetischen Wandel menschlicher Sozialhierarchien und ihren assoziierten Verhaltensweisen Rechnung trägt (Price, 1994). Die Social Competition Hypothese besagt, in Anlehnung an das Dominanzhierarchien-Konzept und im Hinblick auf die Entstehung von Depressionen, dass Menschen, ebenso wie in Gruppen lebende Tiere, die Fähigkeit besitzen, in kompetitiven Situationen nachgeben zu können. Dieses Unterordnungsverhalten verhindert durch das damit verbundene Gefühl der Schwäche und Unfähigkeit einerseits eine neuerliche Auseinandersetzung, andererseits wird durch dieses Verhalten dem Kontrahenten ein Zeichen der Aufgabe signalisiert. Letztendlich führt das Gefühl der Aufgabe zu einer Akzeptanz des Konfliktausganges. Im Falle einer Unmöglichkeit bzw. Störung der freiwilligen Aufgabe kommt es dagegen zu einem abnormen und prolongierten Unterordnungsverhalten, das schließlich zu einer depressiven Störung führt.

Das evolutionäre Erklärungsmodell psychopathologischer Phänomene kann durch das evolutionäre neuroethologische Konzept Paul MacLeans entscheidend ergänzt werden (MacLean, 1990). Die im Rahmen der Dominanzhierarchien bzw. im Rahmen der „Social Competence Hypothesis" postulierten möglichen Verhaltensstrategien des Kampfes (Eskalation) und der Unterordnung (Deeskalation) könnten aus der Sichtweise des evolutionär-hierarchischen Gehirnmodells (Triune Brain) betrachtet werden. Die drei neuralen Verbände des Vorderhirnes, die vereinfacht in rationalen Teil (Neocortex), emotionalen Teil (Limbisches System) und instinktiven Teil (Striatum) unterteilt werden können, stehen zwar miteinander in Verbindung, funktionieren jedoch großteils unabhängig voneinander. Auf Ebene des Neocortex wird bei einem Konflikt rational entweder die Entscheidung für eine Auseinandersetzung oder für eine Unterordnung getroffen. Auf Ebene des Limbischen Systems werden je nach Entscheidung die entsprechenden Emotionen generiert, also Zorn, Aggression

und Erregung im Falle der Eskalation, sowie Gefühle der Angst, Depression und Mutlosigkeit im Rahmen der Deeskalation. Auf Ebene des Striatums (Reptiliengehirn bzw. R-Komplex) kommt es dieser Theorie zufolge zu den korrespondierenden Veränderungen in der Stimmung, also zur Anhebung der Stimmung bei Eskalation und zur Verminderung bei Deeskalation (Price, 2002). Die drei neuralen Verbände unterscheiden sich jedoch nicht nur hinsichtlich ihrer spezifischen Funktionsweisen, sondern auch bezüglich des Grades an Bewusstseinsfähigkeit. Während die neokortikale Funktion mit bewusstem und willkürlichem Handeln gleichzusetzen ist, hat das Limbische System nur bedingten Zugang zum Bewusstsein und damit auch ein eingeschränktes Wissen über die Ursache seiner emotionalen Entscheidungen bzw. Handlungen. Die vom Striatum bzw. R-Komplex generierten Entscheidungen geschehen, entsprechend ihrem instink-

	Escalation	De-escalation
Rational/Neocortical	Formation of goals Proclamation of goals Overcoming of opposition Social participation Self-assertion Decision to fight on	Giving up of personal goals Adoption of others' goals Submission Acceptance Resignation Self-effacement
Emotional/limbic	Joy, rapture Enthusiasm Oceanic feeling Anger Indignation	Boredom Apathy Shame Guilt Depressed emotion
Instinctive/Reptilian	Increase of RHP/SAHP Increase of resource value Increase of "ownership" value Increase of energy Elevated mood (IDS)	Loss of RHP/SAHP Loss of resource value Loss of "ownership value" Loss of energy Depressed mood (ISS)

Tab. 3. Social Competition Strategy in Form von Eskalation und De-Eskalation auf den verschiedenen Ebenen des Triune Brain Modells. RHP = RESOURCE-HOLDING POTENTIAL, SAHP = SOCIAL ATTENTION HOLDINIG POTENTIAL, ISS = INVOLUNTARY SUBORDINATE STRATEGY, IDS = INVOLUNTARY DEFEAT STRATEGY (Cory & Gardner, 2002) Copyright: Greenwood Publishing Group, Inc., Westport, CT.

tiven Charakter, gänzlich unwillkürlich. Ein entscheidender Aspekt affektiver Störungen ist die Tatsache, dass Zustände der Depression oder Manie nicht durch kognitive Prozesse beeinflusst werden können. Die Frage, warum es im Zuge der Evolution des Neocortex nicht zu einer gänzlichen Kontrolle der subkortikalen emotionalen und instinktiven Zentren kam, könnte dahingehend beantwortet werden, als den mit Konfliktsituationen assoziierten Emotionen und Verhaltensweisen eine adaptive Funktion zukommt.

Basierend auf der Triune Brain Theorie ergeben sich im Falle einer sozialen Konfliktsituation, für jeden der drei Verbände des Vorderhirnes, unterschiedliche Handlungsoptionen hinsichtlich einer Eskalation oder Deeskalation des Konfliktes (Tab. 3).

Die Lösungsansätze auf der rationalen bzw. neokortikalen Ebene sind insofern evident, als hier ein Individuum den Kontrahenten als überlegen klassifiziert und sich selbst rational als den Unterlegenen erkennt. Dieser günstigste Ausgang einer Konfliktsituation ist allerdings nur dann gegeben, wenn die kognitive Entscheidung mit den emotionalen und instinktiven Tendenzen subkortikaler Strukturen korreliert.

Die funktionelle und evolutionäre Bedeutung der subkortikalen Strukturen für Problemlösungen verdeutlicht sich am Beispiel einer weiteren möglichen Konfliktkonstellation: Im Falle einer Diskrepanz zwischen der rationalen neokortikalen Entscheidung zum Kampf (Eskalation) und der emotionalen oder instinktiven Entscheidung zur Aufgabe (Deeskalation), ermöglichen die subkortikalen Prozesse insofern eine Beeinflussung der kognitiven Strategie, als das ursprüngliche Ziel dadurch nicht mehr erstrebenswert erscheint und sich das Individuum als ungeeignet oder unwürdig empfindet. Der instinktiv-emotionale Einfluss bedingt also eine pessimistische Färbung der ursprünglichen positiven Zielsetzung und führt letztlich in diesem günstigten Fall zu einer einsichtigen Aufgabe und zur Akzeptanz der Verliererrolle. Die hierarchisch untergeordneten Gehirnstrukturen gewinnen bei dieser Entscheidung die Oberhand und bestimmen letztlich den Ausgang des Konfliktes. Dieses instinktiv-emotionale „Bauchgefühl" scheint in der Evolution die Warnfunktion für das zur Eskalation neigende neokortikale System darzustellen (Gardner, 1999).

Unter dem Blickpunkt der Triune Brain Theorie und der Social Competition Hypothese ergeben sich auch differenziertere Aspekte hinsichtlich der Genese der Depression. Demnach wäre die Depression durch prolongierte instinktive Deeskalation bedingt, wobei diese wiederum durch prolongierte und extreme rationale Eskalation verursacht wird. Eine prolongierte instinktive Deeskalation kann nach diesem Modell jedoch auch durch eine unangemessene emotionale Eskalation induziert werden. Dieser Mechanismus wäre etwa bei Individuen nach traumatischen Ereignissen wirksam, wenn ein Geschehen zwar rational akzeptiert wird, weiterhin jedoch eine emotionale Eskalation in Form von Wut oder Zorn fortbesteht, die nach einer Entscheidung zur instinktiven Deeskalation in Depression endet. Eine weitere Variante der Konfliktkonstellationen zeigt sich bei Patienten, die emotional deeskalieren und rational eskalieren, etwa indem sie sich als emotional leidend präsentieren, kognitiv jedoch Ziele verfolgen, die gerade zu diesen emotionalen Problemen führen. Ein Individuum kann auch auf allen Ebenen deeskalieren. Die damit verbundene Unterwerfung kann dann vom Kontrahenten bzw. Partner entweder akzeptiert oder abgelehnt werden. Schließlich kann es auch zu einer abnormen Sensibilität und abnormer Neigung zur Deeskalation auf instinktiver Ebene kommen, verbunden mit einer erhöhten Sensitivität der betroffenen Individuen (Price, 2002).

Der Versuch, psychopathologische Phänomene als Manifestationen archaischevolutionärer Adaptationsmechanismen zu sehen, eröffnet eine neue Dimension im Verständnis von Störungen des menschlichen Geistes (Stevens, 2000). Dieses auch als evolutionäre Psychiatrie bezeichnete Forschungsgebiet zieht vergleichende ethologische und neurobiologische Daten als Erklärungsmodell für die Psychopathologie heran und bietet auch die Möglichkeit, andere Theorien des Geistes und der Psyche zu integrieren. Eine dieser Theorien, die das Selbstverständnis des Menschen entscheidend beeinflusste, ist die Psychoanalyse.

4. Hierarchische Konzepte in der Psychoanalyse

Ausgehend von Beobachtungen an neurotischen Patienten wurde die Psychoanalyse als Verfahren zur Behandlung psychopathologischer Störungen entwickelt. Sie stellt damit jedoch nicht nur eine Behandlungstechnik mit eigener Krankheitslehre dar, sondern besitzt auch eine eigene Forschungsmethode, die es erlaubt, seelische Vorgänge zu untersuchen und die erhobenen Daten in einer eigenen Theorie der menschlichen Psyche, der psychoanalytischen Metapsychologie, zu integrieren. Nicht zuletzt aufgrund ihres Ansatzes, das Subjekt und seinen Bezug zur inneren und äußeren Realität ins Zentrum ihres Interesses zu stellen, wird die Psychoanalyse vielfach immer noch als die kohärenteste und umfassendste Theorie des Geistes angesehen (Kandel, 2006). Der Fokus der Psychoanalyse auf das subjektive Selbst verbindet sie dabei in bestimmten Aspekten mit der evolutionären Neuroethologie Paul MacLeans, der diesen Forschungsansatz mit dem Begriff der „epistemics" beschrieb (MacLean, 1975a).

In der Metapsychologie sind die aus der klinischen Erfahrung gewonnenen Erkenntnisse in Form von Grundkonzepten bzw. Grundannahmen der Psychoanalyse verankert. Diese ermöglichen es, jede Form psychischer Tätigkeit (vom Traum bis zu Phantasien oder Vorstellungen) und jeden psychischen Konflikt (von neurotischen bis zu psychotischen und Persönlichkeitsstörungen) aus bestimmten theoretischen Gesichtspunkten zu betrachten, d. h. von einem dynamischen, ökonomischen, genetischen, adaptiven und strukturellen Aspekt. Der dynamische Gesichtspunkt bezieht sich auf die in einem Konflikt wirksamen psychologischen Kräfte (etwa in

Trieben oder Affekten), wobei der ökonomische Aspekt mit den Kräften unmittelbar in Zusammenhang steht und auf die damit verbundene psychoenergetische Bilanz Bezug nimmt. Der genetische Blickpunkt geht davon aus, dass alle psychischen Phänomene hinsichtlich Ursprung, Reifung und Entwicklung beurteilbar sind. Der adaptive Aspekt bezieht sich auf die Annahme, dass die Entwicklung des psychischen Apparates eine laufende Anpassung zwischen innerer und äusserer Realität voraussetzt. Der strukturelle Gesichtspunkt geht schließlich davon aus, dass alle psychischen Erscheinungen unter Bezugnahme auf eine strukturelle Gliederung des seelischen Apparates und die inhärenten Mechanismen zu verstehen sind (Loch, 1999).

Beeinflusst von den Theorien Darwins, Spencers und Hughlings Jacksons übernahm Freud das Konzept des hierarchisch organisierten Nervensystems und machte es, neben anderen theoretischen Elementen, zur Grundlage für ein Modell des seelischen Apparates und der menschlichen Psyche, obwohl er – nicht zuletzt auch in Ermangelung neurobiologischer Daten – keine topischen Korrelationen zwischen Gehirnstruktur und psychischer Funktion suchte.

Hierarchische Modelle bzw. Prinzipien finden sich in der Psychoanalyse vor allem in folgenden wichtigen Grundkonzepten: 1) In den metapsychologischen Modellen des psychischen Apparates. 2) In den Grundprinzipien der psychischen Funktionsweisen, dem Primär- und dem Sekundärvorgang. 3) Im Konzept der Regression und 4) In den phylogenetischen und ontogenetischen Aspekten der psychoanalytischen Theorie.

4.1 Psychoanalytische Modelle des psychischen Apparates

Das Verständnis der psychoanalytischen Theorie wird mitunter dadurch erschwert, dass zu bestimmten Konzepten scheinbar unterschiedliche Modelle nebeneinander existieren. Dies trifft auch für die von Freud vorgeschlagenen Modelle des menschlichen Geistes, bzw. des sogenannten psychischen oder seelischen Apparates zu. Der Grund für die Koexistenz verschiedener Schemata ist die Tatsache, dass jede psychoanalytische Theorieentwicklung im Kontext mit dem zu diesem Zeitpunkt bestehenden Wissensstand zu sehen ist. So führte die Entdeckung der Bedeutung der Triebe für das Individuum zu einer Abkehr von der ursprünglichen Verführungstheorie – derzufolge neurotische Störungen auf sexuelle Verführung in der Kindheit zurückzuführen seien – und zur Entwicklung des ersten Konzeptes des psychischen Apparates, des topographischen Modells.

4.1.1 Das topographische Modell des psychischen Apparates

Das topographische Modell des psychischen Apparates wurde von Freud in seiner Grundstruktur in der *Traumdeutung* dargestellt (Freud, 1900). Die Konzeption dieses Modells koinzidiert somit einerseits mit der Entdeckung der Bedeutung und der Mechanismen des Traumes, andererseits mit der Ausformulierung der psychoanalytischen Triebtheorie, die die Bedeutung der Triebkräfte für die psychische Entwicklung des Individuums und in der Genese der Neurosen hervorhob. Der Begriff des Triebes, der initial nur als libidinös bzw. sexuell konzipiert war, stellt insofern eine Besonderheit dar, als dieser im Grenzbereich zwischen Soma und Psyche vorgestellt werden muss. So gesehen handelt es sich beim Trieb um eine „psychische Repräsentanz einer somatischen Reizquelle". Die

Erkenntnisse der Psychoanalyse über die Funktionsweise des menschlichen Geistes, die überwiegend auf dem Studium psychischer Konflikte beruhen, implizieren ein Modell der Psyche mit dynamischer Interaktion verschiedener Instanzen. In diesem Zusammenhang lässt sich der Begriff des „topographischen Modells" des psychischen Apparates als Versuch verstehen, eine Topographie des Geistes zu konzipieren, die den unterschiedlichen Strukturen der Psyche Rechnung trägt. Der zentrale Aspekt, auf dem die ersten Modelle des psychischen Apparates beruhen, besteht in der Beurteilung des Grades der Bewusstseinsfähigkeit bestimmter psychischer Inhalte.

Als Vorstufe des topographischen Modells entwarf Freud ein einfaches Schema, das dem seelischen Apparat der unstrukturierten Psyche entspricht. Dieses Modell beruht auf dem von ihm postulierten „Konstanzprinzip", wonach das Nervensystem immer danach strebt, die Summe von Erregungen konstant zu halten. Der psychische Apparat könnte sich – diesem Prinzip entsprechend – insofern vor Überstimulation schützen, indem er mit unmittelbarer motorischer Abfuhr reagiert. Dieses Modell ist unverkennbar an das neurologische „Reflexbogenmodell" angelehnt, bei dem eine Reizung der Muskelspindeln zur motorischen Reflexbewegung führt. Beim psychischen Apparat findet sich demnach am sensiblen Ende ein System, das die Wahrnehmungen (W) empfängt, während am anderen Ende die motorische Abfuhr (M) durch den Zugang zur Motilität erfolgt (Abb. 47). Nach diesen Vorstellungen geht jede psychische Tätigkeit von inneren oder äußeren Reizen aus und endigt in der Innervation, wodurch die Richtung des Vorganges vorgegeben ist (Freud, 1900).

Am Beginn der psychischen Entwicklung sucht der Säugling die durch innere Bedürfnisse hervorgerufene Erregung bzw. Stimulation auf dem kürzesten Weg zu beenden. Da ihm die direkte Befriedigung

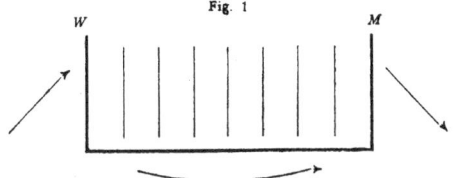 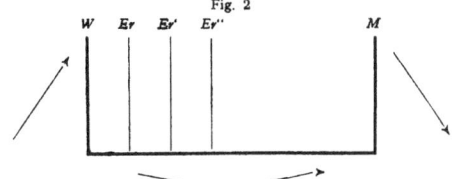

Abb. 47. Freuds erstes Schema des psychischen Apparates, das an das neurologische „Reflexbogenmodell" angelehnt ist. W = Wahrnehmung, M = Motorik (Freud, 1900) Copyright: Fischer Verlag.

Abb. 48. Freuds Modell des psychischen Apparates, ergänzt durch die Funktion des Gedächtnisses (Erinnerungsspur). W = Wahrnehmung, M = Motorik, Er, Er', Er"= Erinnerungsspuren (Freud, 1900) Copyright: Fischer Verlag.

aufgrund seiner eingeschränkten motorischen Möglichkeiten verwehrt ist, versucht er, die anhaltende Stimulation durch eine „halluzinatorische" Wunschvorstellung zu befriedigen. Da es sich dabei jedoch um keine echte Befriedigung handelt, bedarf es der Entwicklung eines zweiten psychischen Systems, das die äußere Realität durch die Fähigkeit zur willkürlichen motorischen Kontrolle beherrscht und reale Befriedigung gewährleistet. Im späteren Leben findet sich nur beim Traum und in der Psychose eine Rückkehr zu dieser infantilen psychischen Funktion, in Form halluzinatorischer Wunscherfüllung. In dieser Möglichkeit der Rückkehr zu früheren psychischen Organisationsformen, in Form einer „Regression", findet sich eine weitere Parallele zum hierarchischen Prinzip des Nervensystems von Hughlings Jackson (siehe Kapitel über die Regression).

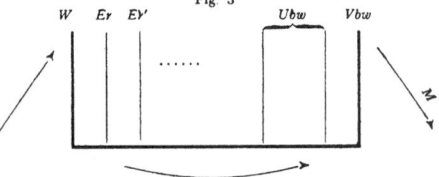

Abb. 49. Freuds Modell des psychischen Apparates, ergänzt durch die Funktion des Gedächtnisses (Erinnerungsspur) und die Systeme Vorbewusst und Unbewusst. W = Wahrnehmung, M = Motorik, Er, Er', Er"= Erinnerungsspuren, Ubw = System Unbewusst, Vbw = System Vorbewusst (Freud, 1900) Copyright: Fischer Verlag.

Freud ergänzt in weiterer Folge dieses Modell der unstrukturierten Psyche durch den Begriff der „Erinnerungsspuren" (Er). Diese Funktionen entsprechen dem Gedächtnis und sind Ausdruck eines bereits differenzierteren psychischen Apparates, der Wahrnehmungen bzw. Stimuli nicht nur abführt, sondern deren Inhalte auch speichern kann (Abb. 48).

Das Studium der Traummechanismen veranlasste Freud zu einer weiteren Modifikation des Modells, indem er es durch die Systeme Vorbewusst (Vbw) und Unbewusst (Ubw) erweitert (Abb. 49). Das System Vbw ist nahe dem motorischen Ende angeordnet, da die zugehörigen Erregungsvorgänge ohne Barriere zum Bewusstsein gelangen können. Das System Ubw ist dagegen hinter dem System Vbw angeordnet, als Ausdruck dessen, dass es außer über das Vorbewusste keinen direkten Zugang zum Bewusstsein hat (Freud, 1900).

Die Reizung bzw. Erregung des psychischen Apparates kann nicht nur vom sensiblen Ende seinen Anfang nehmen, sondern auch durch eine Erregung aus dem Unbewussten erfolgen, etwa durch Triebregungen. Da Träume durch vorbewusste Tagesreste (Gedanken, Affekte aus dem Tageserleben) induziert werden, kann die Erregung auch aus dem Vorbewussten stammen. Im Idealfall beginnt die Erregung des psychischen Apparates allerdings mit einer sensorischen Reizung und durchläuft anschließend die Systeme Ubw, Vbw und Bewusst, um letztendlich in einer motorischen Abfuhr zu enden. Dieses Schema leitet bereits zum eigentlichen topographischen Modell des psychischen Apparates über. Den zentralen Gesichtspunkt, unter dem das topographische System entwickelt wurde, stellt die Qualität des Bewusstseins dar. Dementsprechend weisen die einzelnen Systeme – das System Unbewusst, Vorbewusst und Bewusst – eine hierarchische Topographie auf, die korrelierend mit ihrem Grad an Bewusstseinsfähigkeit von der Tiefe zur Oberfläche reicht (Abb. 50).

Der Psychische Apparat

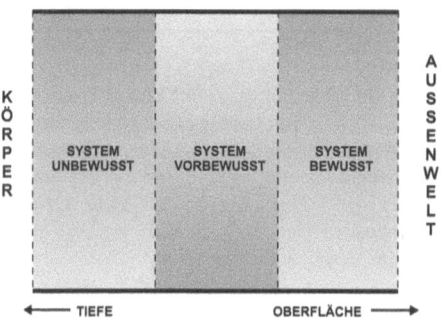

Abb. 50. Freuds topographisches Modell des psychischen Apparates

Die Systeme sind untereinander als eine Art Kontinuum anzusehen, wobei es jedoch bei Auftreten eines psychischen Konfliktes zu einer klaren Abgrenzung zwischen den einzelnen Instanzen kommen kann. Die Grenzen zwischen den Systemen können gleichsam einer Zensur vorgestellt werden, die in der Lage ist, einem aus dem Unbewussten stammenden Triebwunsch den Zugang zum Bewusstsein zu erschweren bzw. verwehren. Dieser könnte im Bewusstsein des Individuums als bedrohlich erlebt werden. Diese Vorstellung impliziert eine Richtung des Triebwunsches, nämlich aus dem „tiefen" unbewussten System an die Oberfläche des Bewusstseins,

sowie eine Hemmung des Wunsches durch übergeordnete Zensuren bzw. Instanzen im Falle eines Konfliktes. Dieses Prinzip weist Parallelen mit dem von Hughlings Jackson postulierten hierarchischen Organisationsprinzip des Nervensystems auf, wonach untergeordneten Strukturen starr organisierte und automatisch ablaufende Funktionen zuzuordnen sind, während übergeordnete Strukturen durch komplexe Organisation und willentliche Kontrolle charakterisiert sind (Goldstein, 1995). Der Einfluss der Theorien von Hughlings Jackson auf Freud lässt sich bis auf Freuds Arbeit *Zur Auffasung der Aphasien* zurückverfolgen, in der er das Prinzip der funktionellen neuralen Repräsentanz des Cortex postulierte und die Aphasie als „dis-involution" verstand, also als Manifestation einer frühen Funktionsweise des Gehirns, nachdem die übergeordnete Struktur durch eine Läsion zerstört wurde (Freud, 1891; Solms, 1986). Obwohl sich Freud gegen eine Korrelation zwischen Gehirnstruktur und topographischem Modell des psychischen Apparates aussprach, finden sich dennoch erstaunliche Übereinstimmungen mit dem Triune Brain Modell der evolutionären Neuroethologie von Paul MacLean (MacLean, 1990). Diese Korrelationen betreffen vor allem funktionelle Aspekte der einzelnen zerebralen Verbände bzw. psychischen Instanzen.

4.1.1.1 Das System Unbewusst

Im topographischen Modell des psychischen Apparates stellt das System Unbewusst (bzw. das Unbewusste) jene seelische Instanz dar, die über keinen direkten Zugang zum Bewusstsein (bzw. zum System Bewusst) verfügt. Diese topische Gliederung der Psyche in der Psychoanalyse in eine „tiefe" und übergeordnete Strukturen, führte letztlich zur Begriffsbildung der „Tiefenpsychologie". Das Unbewusste wird von verdrängten und dadurch vom Bewusstsein abgehaltenen triebhaften Wünschen bzw. Inhalten gebildet, die als sogenannte „Triebrepräsentanzen" die psychischen Korrelate der Triebe darstellen. Der Vorgang selbst, der die für das Bewusstsein verpönten Inhalte zurückdrängt, wird als „Verdrängung" bezeichnet. Obwohl Freud den Triebkräften eine somatische Grundlage zuordnet, sind sie dennoch als psychologisches Konstrukt zu verstehen (Freud, 1905). Die Triebe werden, aufgrund ihres Triebzieles, in Sexual- und Aggressionstriebe unterteilt. Die dem Sexualtrieb innewohnende Triebenergie wird als Libido bezeichnet, ein entsprechender Terminus für die Energie des Aggressionstriebes wurde von Freud nicht konzipiert. Die Triebwünsche suchen nach lustvoller Befriedigung, um die körperliche Spannung zu minimieren, im Sinne des sogenannten „Lustprinzips". Diese Tendenz des Unbewussten nach unmittelbarer Befriedigung kann insofern gehemmt werden, als die Passage der Wünsche durch die anderen psychischen Instanzen zu einem Konflikt führen kann und die Wünsche folglich zensuriert bzw. transformiert werden.

Die Funktionsweise des Unbewussten unterliegt nach Freud dem „Primärvorgang", einer Form mentaler Prozesse, die sich aus den Erscheinungen des Traumes und der psychopathologischen Symptome ableiten lassen (Freud, 1915). Im Gegensatz zum „Sekundärvorgang", der mit dem bewussten und rationalen Denken und Handeln gleichzusetzen und den Gesetzen der Logik unterworfen ist, funktioniert der Primärvorgang nach den Prinzipien der Verschiebung und Verdichtung (siehe Kapitel über den Primär- und Sekundärvorgang).

Ein besonderes Charakteristikum des Unbewussten ist dessen Zeitlosigkeit, d.h. dass Prozesse in diesem System keiner zeitlichen Abfolge unterliegen und keinen Bezug zur Zeit aufweisen. Weitere Eigenschaften des Unbewussten, die sich vor allem aufgrund fehlender formal-logischer Arbeitsweisen erklären lassen, sind das Fehlen von Widersprüchen und der Verneinung. Die Widerspruchslosigkeit bewirkt, dass in diesem System gegensätzliche Elemente nebeneinander existieren können, ohne sich gegenseitig zu beeinflussen, eine Besonderheit die von Traumbildern bekannt ist (etwa die Begegnung mit einem bereits Verstorbenen im Traum, im Wissen, dass dieser seit langer Zeit nicht mehr lebt). Das Fehlen der Verneinung im Unbewussten deutet darauf hin, dass die Negation an einen formalen Denkprozess geknüpft ist, der erst im Verlaufe der Entwicklung erworben wird. Durch das Vorherrschen infantiler Triebregungen bzw. –wünsche im Unbewussten ergeben sich auch spezifische Verhältnisse zur Realität. Der Drang nach unmittelbarer Befriedigung der infantilen Wünsche bedingt eine Abkehr von der äußeren Realität („Realitätsprinzip") und ein Funktionieren nach dem „Lustprinzip." Dieses zeichnet sich durch die Unfähigkeit aus, Versagungen (die mit der Berücksichtigung der Realität notwendigerweise verbunden sind) zu tolerieren. Die im Gegensatz dazu stehende „psychische Realität" kennt keinen Unterschied zwischen Realität und Phantasie, sodass zwischen erlebten Erinnerungen und Phantasien nicht differenziert wird. Schließlich zeichnet sich das Unbewusste durch die Unfähigkeit zur Abstraktion aus, d.h. dass abstrakte Begriffe im Unbewussten in konkreter Form dargestellt werden. Dieses Phänomen zeigt sich im Traumgeschehen, sowie als Charakteristikum schizophrener Denkstörungen.

4.1.1.2 Das System Vorbewusst

Nach dem topographischen Modell Freuds ist das Vorbewusste, bzw. das System Vorbewusst, zwischen den Systemen Unbewusst und Bewusst lokalisiert. Die Grenzen des Vorbewussten zu den jeweiligen Systemen fungieren dabei als Zensur, wobei die Hauptfunktion des Vorbewussten darin liegt, das Bewusstsein vor einer Überwältigung durch unbewusste Triebregungen zu schützen. Nach entsprechender Modifikation durch das Vorbewusste können unbewusste Triebregungen prinzipiell in das Bewusstsein gelangen. Die Zensur an der Grenze zum Bewusstsein ist weit geringer ausgeprägt und wirkt weniger durch Entstellung, als durch spezifische Auswahl von Inhalten, die ins Bewusstsein gelangen dürfen. Nach den Vorstellungen Freuds ist das Vorbewusste als deskriptiv unbewusst vorzustellen, allerdings ist es dem Bewusstsein prinzipiell zugänglich. Diese Tatsache unterscheidet es auch klar vom Unbewussten, das dem Bewusstsein nie direkt zugänglich ist. Als Beispiel eines vorbewussten Inhaltes kann eine nicht gegenwärtige Erinnerung angeführt werden, die vom Individuum allerdings jederzeit aufgerufen werden kann. Qualitativ zählen zu den Inhalten des Vorbewussten, einerseits modifizierte Triebregungen aus dem Unbewussten, sofern sie nicht gänzlich zurückgedrängt wurden, andererseits beinhaltet das System auch Elemente aus dem Erleben und der Interaktion mit der externen Realität. Letztlich finden im Vorbewussten aufgrund seiner Nahebeziehung zum Bewusstsein auch kognitive Vorgänge, wie Denkprozesse und Phantasien statt. Aufgrund seiner Position zwischen den Systemen, kann das Vorbewusste gleichsam als eine Art Vermittler zwischen unbewussten und bewussten Inhalten angesehen werden. Die Fähigkeit zu Denkprozessen und der Zugang zu Gedächtnisinhalten, die Elemente aus real erlebten Ereignissen repräsentieren, bewirken, dass das Vorbewusste auch als kreative und problemlösende Instanz fungieren kann. In vielen Fällen geht die Leistungsfähigkeit des Vorbewussten soweit, dass sogar Aufgabenstellungen bewerkstelligt werden, an denen das Bewusstsein gescheitert ist. Der Nahebezug des System Vorbewusst zum Bewusstsein bedingt in Ersterem eine vermehrte Berücksichtigung des Realitätsprinzips, als auch einen anderen Funktionsmodus im Vorbewussten, nämlich den Sekundärvorgang. Dieser Vorgang erlaubt es – unter Berücksichtigung der Forderungen und Gegebenheiten der Realität – einen Aufschub der nach unmittelbarer Befriedigung strebenden Triebregungen zu gewährleisten. Die Herrschaft des Realitätsprinzips im Vorbewussten bedeutet für das Individuum, dass es durch diese Instanz zwischen „irrealen" inneren Zuständen, etwa Phantasien, und realen Ereignissen in der Aussenwelt und deren sensorischer Wahrnehmung differenzieren kann. Diese Fähigkeit zur Realitätstestung, der Differenzierung zwischen Innen- und Aussenwelt, wird vom Individuum erst durch die zunehmende Konfrontation mit der Realität im Laufe der psychischen Entwicklung erworben. Im Gegensatz zum Primärvorgang kennt der Sekundärvorgang Kausalität, Zeit und Logik, jedoch keine Widersprüche oder Paradoxien. Das Vorbewusste ist schließlich auch entscheidend in der Verarbeitung psychischer Konflikte und in der Symptombildung beteiligt.

Der Vorgang, den das Vorbewusste zum gänzlichen Zurückdrängen von unerwünschten Triebregungen anwendet, wird als Verdrängung bezeichnet. Dabei werden die Triebregungen wieder in das System Unbewusst zurückverlagert. Eine weitere Möglichkeit besteht in der Anwendung von sogenannten Abwehrmechanismen, wobei das Vorbewusste den Triebregungen durch entsprechende Modifikationen Zugang zum Bewusstsein gewährt. Zur Symptombildung im Rahmen einer neurotischen Störung kommt es dann, wenn Triebregungen nicht vollends in das Unbewusste zurückgedrängt werden können und keine andere Form der Triebabfuhr zur Verfügung steht. Das Vorbewusste bewirkt in diesen Fällen eine Kompromissbildung, die als neurotisches Symptom in Erscheinung tritt. Aufgrund seines unbewussten Ursprungs und der vorbewussten Transformation wird das Symptom selbst vom Individuum (d.h. vom Bewusstsein) als fremd und unbeeinflussbar erlebt.

4.1.1.3 Das System Bewusst

Das System Bewusst, bzw. das Bewusstsein, weist für Freud eine enge Beziehung mit der Funktion der Wahrnehmung auf. Er unterstreicht diese Annahme mit der synonymen Verwendung des Begriffes „Wahrnehmung-Bewusstsein" (Freud, 1900a). Topisch gesehen wird dem Bewusstsein eine entsprechende Lokalisation an der Oberfläche des psychischen Apparates zugewiesen. Die Wahrnehmungsfunktion bezieht sich sowohl auf externe Stimuli der Außenwelt, als auch auf verschiedene innere psychische und körperliche Reize. Bewusstsein umfasst somit aus psychoanalytischer Sicht das bewusste Erleben der Eindrücke aus der Umwelt, körperliche Wahrnehmungen verschiedenster sensibler und sensorischer Reize, aber auch die bewusste Wahrnehmung unbewusster Triebabkömmlinge (die das Vorbewusste durch entsprechende Modifikation passierten), etwa in Form von bestimmten Denkvorgängen, Phantasien oder Tagträumen. Eine besondere Bedeutung kommt in diesem Prozess der bewussten Wahrnehmung, der Funktion der Aufmerksamkeit zu. Erst durch sie werden innere und äußere Reize bewusst wahrgenommen. Wird einer Wahrnehmung kurzzeitig die Aufmerksamkeit entzogen, dann werden die Wahrnehmungsinhalte, topisch gesehen, dem System Vorbewusst zugeordnet. Die zweite wichtige Funktion des Bewusstseins liegt in der Kontrolle der willkürlichen Bewegungsabläufe. Naturgemäß sind im System Bewusst der Sekundärvorgang und das Realitätsprinzip vorherrschend, die hier im Vergleich zum Vorbewussten jedoch in weitaus umfassenderer Weise wirksam sind.

4.1.2 Das Strukturmodell des psychischen Apparates

Die im Zuge der Ausarbeitung der psychoanalytischen Theorie entstandenen Inkohärenzen zwischen den klinisch erhobenen Erkenntnissen und dem topographischen Modell des psychischen Apparates, veranlassten Freud zu einer entsprechenden Modifikation dieser metapsychologischen Theorie. Es waren insbesondere konzeptuelle Schwierigkeiten, die eine Neuordnung der psychischen Instanzen notwendig machte. Es musste der Versuch unternommen werden, das Phänomen Angst, den Aggresionstrieb, oder bestimmte psychische Aspekte – wie Gefühle des Gewissens oder der Schuld – in das topographische Modell zu integrieren. Diese Revision Freuds führte jedoch nicht zu einer vollkommenen Ablöse des topographischen Modells durch das sogenannte Strukturmodell, vielmehr finden beide Modelle, im entsprechenden Kontext, nach wie vor ihre Anwendung. In gewisser Hinsicht ergeben sich Parallelen mit dem Teilchen-Wellen-Dualismus in der Quantenmechanik. Während der zentrale Gesichtspunkt, unter dem das topographische Modell entwickelt wurde, die Qualität des Bewusstseins und die Bewusstseinsfähigkeit darstellt, steht im Strukturmodell die Funktion und Bedeutung der einzelnen Instanzen im psychischen Konflikt im Vordergrund. Der psychische Konflikt kann dabei zwischen allen psychischen Instanzen mit Einbeziehung der Außenwelt stattfinden. In den Arbeiten *Das Ich und das Es* (Freud, 1923) und *Hemmung, Symptom und Angst* (Freud, 1926) legt Freud sein zweites topisches Modell – das sogenannte Strukturmodell – mit den drei psychischen Instanzen, dem Es, Ich und Über-Ich, dar (Abb. 51).

Das ES

Die Bezeichnung „Es" für die Beschreibung einer psychischen Instanz übernimmt Freud von dem Buch *Das Buch vom Es* des deutschen Arztes Georg Groddeck. Dieser beschreibt die Besonderheit des Es in seinem Buch derart: „Ich bin der Ansicht, dass der Mensch vom Unbekannten belebt wird. In ihm ist ein Es, irgendein Wunderbares,

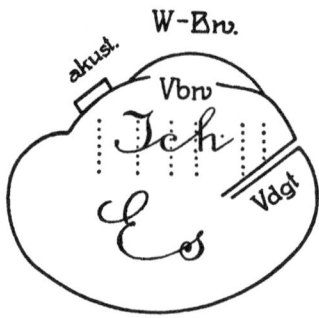

Abb. 51. Freuds Strukturmodell des psychischen Apparates mit den psychischen Instanzen „Es" und „Ich" (die bildliche Integration des „Über-Ich" in die Darstellung des Strukturmodells erfolgt erst 1932, siehe Abb. 53). Vbw = vorbewusst, W-Bw = Wahrnehmungsbewusstsein, Vdgt = verdrängt, akust = „Hörkappe" des „Ich" (Freud, 1923) Copyright: Fischer Verlag.

das alles, was er tut und was mit ihm geschieht, regelt. Der Satz „ich lebe" ist nur bedingt richtig, er drückt ein kleines Teilphänomen der Grundwahrheit aus: „Der Mensch wird vom Es gelebt." ... Wir kennen von diesem Es nur das, was innerhalb unseres Bewusstseins liegt. Weitaus das meiste ist unbetretbares Gebiet." (Groddeck, 1923).

Die Instanz des Es im psychischen Apparat kann im weitesten Sinn mit dem System Unbewusst des topographischen Modells verglichen werden. Ähnlich dem Unbewussten ist auch das Es hierarchisch gesehen am unteren Pol, dem Triebpol, des psychischen Apparates bzw. der Persönlichkeit angesiedelt. Das Es enthält dementsprechend die psychischen Repräsentanzen von sexuellen und aggressiven Triebansprüchen. Das System Ubw und das Es korrelieren zwar in ihrer Eigenschaft, sich aus unbewussten und verdrängten Elementen zusammenzusetzen, im Strukturmodell hingegen wird die Gesamtheit des unbewusst Psychischen insofern weiter gefasst, als auch das Ich miteinbezogen wird. Folglich sind auch die Grenzen zwischen Es und Ich weniger ausgeprägt als zwischen

den Systemen Unbewusst und Vorbewusst. Schließlich sieht Freud das Es auch näher an einem biologischen Triebsubstrat angesiedelt, als das topographisch Unbewusste mit der Triebquelle in Zusammenhang gebracht werden kann. Er verdeutlicht dies in der Anmerkung, dass „das Es am Ende gegen das Somatische offen ist" (Freud, 1932). Das Es funktioniert, ebenso wie das Unbewusste im topographischen Modell, nach dem Lustprinzip. Sämtliche Prozesse und Inhalte des Es unterliegen folglich auch dem Primärvorgang. Das Es bleibt auch im Strukturmodell die zentrale treibende Instanz und der Ursprung der psychischen Energie. Dynamisch gesehen, resultiert aus diesem Konzept nach wie vor ein hierarchisch organisierter psychischer Apparat, der durch unbewusste Triebkräfte aus dem Es angetrieben und durch „höhere" psychische Instanzen, dem Ich und dem Über-Ich, gelenkt und kontrolliert wird. Dieses Prinzip korreliert mit der zentralen Annahme der Psychoanalyse, dass alles Verhalten letzten Endes triebbestimmt ist (Rapaport, 1970). Ein entscheidender Aspekt, der seit der Einführung des Strukturmodells vermehrt Berücksichtigung findet, ist der entwicklungsbezogene oder (im psychoanalytischen Sinn) genetische Gesichtspunkt. Wie bereits erwähnt, sind die Grenzen zwischen Es und Ich weniger als starre Zensurlinien vorzustellen, wie im topographischen Modell, sondern als fließende Übergänge, die im Laufe der psychischen Entwicklung weiter verschwimmen. Dies schließt ein, dass alle Instanzen mit zunehmender Reifung des Individuums einem Entwicklungsvorgang unterliegen. Hand in Hand mit der biologischen Reifung zeigt sich die triebbezogene Entwicklung im Es als Wandel von oraler zu analer und schließlich genitaler Phase.

Das ICH

Die Einführung des „Ich" als psychische Instanz im Rahmen des Strukturmodells durch Freud erfolgte nicht zuletzt aufgrund des zunehmenden Interesses der Psychoanalyse am Studium der Abwehrmechanismen mit der daraus folgenden geringeren Bedeutung der Aufdeckung unbewusster Inhalte. Diese Wende machte das Konzept einer Instanz notwendig, die sowohl spezifische Abwehrfunktionen erfüllt, als auch im psychischen Konflikt aktiv zwischen Es-Ansprüchen, Realität und Über-Ich Inhalten vermittelt. Im Vergleich mit dem topographischen Modell, ist die dem Vorbewussten innewohnende Funktion weitgehend dem Ich zuordenbar. Genetisch betrachtet, differenziert sich das Ich im Laufe der psychischen Entwicklung aus dem Es. Teile des Ich bleiben auch im deskriptiven Sinn weiterhin unbewusst (Freud, 1923a). Das Bewusstsein ist im Strukturmodell fortan keine eigene Instanz mehr, sondern wird zu einem „Sinnesorgan" des Ich, sodass Inhalte aus dem Es und dem Über-Ich nur über das Ich Zugang zum Bewusstsein erlangen. Die Funktion der Zensur fällt dem Ich insofern ebenfalls zu, als es – ähnlich dem Vorbewussten – als zentrale Instanz die herandrängenden unbewussten Triebansprüche, entweder in modifizierter Form dem Bewusstsein zugänglich macht, oder gefährliche Inhalte wieder in das Es zurückdrängt. Neben der Abwehr von Triebforderungen ist das Ich auch für andere Aufgaben zuständig. Letztere umfassen etwa die Kontrolle der Motorik und der Wahrnehmung, die Realitätsprüfung und das rationale Denken, sowie die zeitliche Ordnung psychischer Vorgänge. Die Unzulänglichkeiten des topographischen Modells für ein kohärentes metapsychologisches Konzept der Angst waren ein weiterer Faktor für die Einführung des Strukturmodells. In dieser neuen Konzeption wird Angst nicht mehr, wie in der ersten Angsttheorie Freuds, als Umwandlung von libidinöser Triebenergie angesehen, vielmehr bedient sich das Ich, des sogenannten Angstsignals, das dem Ich eine Warnung vor gefährlichen Triebansprüchen vermittelt.

teln soll. Das Angstsignal soll damit das Ich vor einer drohenden traumatischen Situation schützen (Freud, 1926).

Das Über-ICH

Die klinischen Beobachtungen und Phänomene der Trauer und Depression veranlassten Freud, dem Ich eine psychische Instanz gegenüberzustellen, die gleichzeitig eine Funktion des Vorbilds und des Gewissens darstellt. Der Terminus Über-Ich impliziert bereits, dass es sich hier um einen Abkömmling des Ich handelt. Obwohl Verbots- und Idealfunktionen bereits in früheren Arbeiten Freuds, im sogenannten „Ichideal", angedeutet werden, wird das Über-Ich, mit seinen spezifischen Aufgaben der Ge- und Verbotsfunktion, erst in *Das Ich und das Es* als eigene Instanz eingeführt (Freud, 1923). Eine bildliche Integration des Über-Ich in das Strukturmodell (Abb. 52) findet sich in einer späteren Darstellung (Freud, 1932).

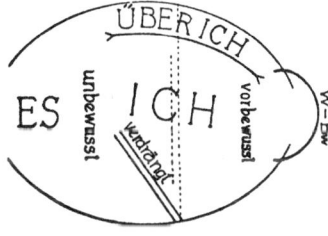

Abb. 52. Freuds Integration des topographischen Modells und des Strukturmodells in einem Schema (Freud, 1932). Copyright: Fischer Verlag.

Als Abkömmling des Ich übernimmt das Über-Ich im Zuge der Entwicklung die ursprünglich von den Elternteilen ausgehenden Gebote und Verbote in Form einer „Internalisierung", eines Vorgangs, der in weiterer Folge noch durch soziale und kulturelle Forderungen im Laufe der Erziehung ergänzt wird. Im subjektiven Erleben des Individuums manifestiert sich das Über-Ich demnach vorwiegend als Schuldgefühl, aber auch in Form von Wert- und Moralvorstellungen oder Idealen. Freud hat bereits darauf hingewiesen, dass das Über-Ich vor allem „Wortvorstellungen" enthält, und dass seine Inhalte von akustischen Wahrnehmungen und Geboten abstammen. Die bekannte Formulierung, der „Stimme der Vernunft", scheint dies zu verdeutlichen. Die genannten Eigenschaften des Über-Ich können als Hinweis dafür gelten, dass diese Instanz des psychischen Apparates eine späte Errungenschaft des Individuums darstellt, sowohl in ontogenetischer, als auch in phylogenetischer Hinsicht.

Die Einführung des Strukturmodells in der Psychoanalyse bedeutet, wie bereits erwähnt, keine Aufgabe des topographischen Modells des psychischen Apparates. Beide Konzepte erweisen sich im jeweiligen Kontext, d.h. sowohl in der Beschreibung von Aspekten des Bewusstseins, als auch von intrapsychischen Konflikten, als valide Theorien. Sowohl topographisches Modell, als auch Strukturmodell basieren auf den grundlegenden Annahmen der Psychoanalyse, d.h. der Existenz des Unbewussten und der Differenzierung zwischen bewussten und unbewussten mentalen Prozessen. Das folgende Schema soll in einer synoptischen Darstellung topographische und strukturelle Aspekte des psychischen Apparates verdeutlichen (Abb. 53).

Der Psychische Apparat

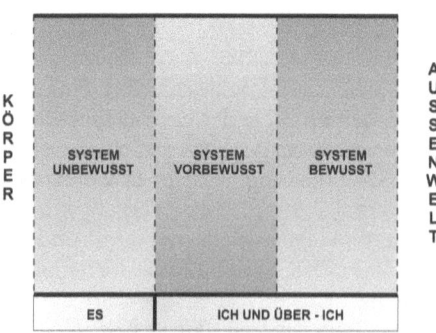

Abb. 53. Synoptische Darstellung des topographischen Modells und des Strukturmodells des psychischen Apparates nach Freud.

Die schematischen Darstellungen des psychischen Apparates von Freud erinnern, nicht zuletzt aufgrund seines neurologischen backgrounds, an neurale Strukturen. Freud verweist selbst darauf, dass sich der Unterschied zwischen dem Ich und dem Es mit dem Gegensatz zwischen Vernunft und Leidenschaft vergleichen lässt. In dieser Betrachtungsweise könnte der Cortex mit dem Ich und dem Über-Ich, sowie das Es mit den subkortikalen Strukuren in Zusammenhang gebracht werden. Tarpy verglich das Limbische System mit dem Es und setzte das Ich mit dem Cortex gleich (Tarpy, 1977). In weiteren integrativen Ansätzen wurde versucht, die empirischen Daten der evolutionären Neuroethologie mit dem psychischen Apparat der Psychoanalyse in Verbindung zu setzen (Fishbein, 1976).

Wie bereits im Kapitel über die Neuroethologie beschrieben, unterscheidet MacLean zwischen drei verschiedenen mentalen Funktionsweisen, entsprechend den drei Makrostrukturen des Gehirns. Die sogenannte „Protomentation" bezieht sich auf psychische Funktionen, die mit der Regulierung basaler Verhaltensroutinen und mit bestimmten Verhaltensmustern der non-verbalen Kommunikation befasst sind. Der Begriff der „Emotomentation" beschreibt dagegen eine psychische Tätigkeit, die Verhalten aufgrund der subjektiven Wahrnehmung von Emotionen reguliert bzw. beeinflusst. In Analogie zu diesen non-verbalen Funktionsweisen würde die „Ratiomentation" der rationalen, selbstbewussten Tätigkeit entsprechen, wobei sie als einzige die Möglichkeit der sprachlichen Kommunikation besitzt. Ohne auf eine topische Zuordnungsmöglichkeit weiter einzugehen, könnten hier in gewisser Hinsicht Parallelen zwischen MacLeans postulierten mentalen Funktionsweisen des Gehirns und dem psychoanalytischen Konzept der psychischen Instanzen gezogen werden (Ploog, 2003).

Der Versuch, eine Korrelation zwischen den Instanzen des psychischen Apparates und bestimmten Gehirnstrukturen herzustellen, wurde erstmals im Rahmen des Forschungsgebietes der „Neuropsychoanalyse" unternommen. Dieser neue wissenschaftliche Ansatz versucht Erkenntnisse der Psychoanalyse, also metapsychologische Konzepte, mittels neurowissenschaftlicher Methoden zu untersuchen. Eine der Forschungsansätze, die hierbei Anwendung findet, ist die sogenannte „klinisch-anatomische" Methode, bei der Patienten mit Läsionen bestimmter Hirnregionen psychoanalytisch – also unter Anwendung der freien Assoziation – behandelt werden (Kaplan-Solms, 2000). Die neurobiologische Forschung liefert weitere Möglichkeiten um Zusammenhänge zwischen Hirnfunktion und psychoanalytischer Metapsychologie aufzuzeigen. Solms und Turnbull verweisen etwa darauf, dass das von Panksepp beschriebene „SEEKING system" (Panksepp, 1998) – ein dopaminerges neurales Areal im ventralen Tegment, das vor allem bei sexueller Erregung und appetitiven Verhaltensweisen aktiviert wird – in funktioneller Hinsicht mit dem Freudschen Triebbegriff (bzw. dem Es) in Verbindung gebracht werden kann (Solms & Turnbull, 2002). Andererseits legen neuropsychologische und psychoanalytische Erkenntnisse von Patienen mit Läsionen im Bereich des ventromesialen Frontallappens nahe, dass diese Region, aufgrund ihrer inhibitorischen Wirkung, Korrelationen mit der triebhemmenden Funktion des Ich aufweist (Solms & Turnbull, 2002a).

4.2 Primär- und Sekundärvorgang

Hierarchische Prinzipien finden sich in der psychoanalytischen Theorie nicht nur in den Strukturmodellen des psychischen Apparates, sondern auch in dessen Funktionsweisen. Diese Funktionsweisen werden in der Psychoanalyse unter dem Begriff der Ökonomie zusammengefasst. Der ökonomische Gesichtspunkt der psychoanalytischen Theorie beruht auf der grundlegenden Annahme, dass alles Verhalten seelische Energie abführt, und dass Verhalten durch seelische Energie reguliert wird (Rapaport, 1970).

Die beiden Funktionsweisen des psychischen Apparates werden von Freud als Primärvorgang und Sekundärvorgang bezeichnet. Die beiden Begriffe weisen bereits durch ihre Namensgebung auf eine hierarchische Organisation hin. Der Primärvorgang ist demnach jener Funktionsmodus, der bereits von Anbeginn der psychischen Entwicklung des Individuums vorhanden ist. Der Sekundärvorgang dagegen funktioniert nach Prinzipien, die im Individuum erst im Laufe der Entwicklung und im Zuge der Auseinandersetzung mit der Realität wirksam werden. Das Konzept von Primär- und Sekundärvorgang wurde von Freud bereits 1900 in der Traumdeutung verfasst und blieb unverändert ein zentraler Bezugspunkt in der Metapsychologie. Das Studium der Traummechanismen war es schließlich, das Freud veranlasste, eine andere Form des mentalen Funktionierens anzunehmen, als jene der rationalen Denkvorgänge. Diese andere mentale Funktionsart, der Primärvorgang, ist durch zwei prinzipielle Mechanismen charakterisiert, die nicht nur im Traum, sondern auch in der Symptombildung neurotischer Störungen zu finden sind: Die Verschiebung und die Verdichtung.

Bei der Verschiebung wird die Bedeutung oder Intensität einer Vorstellung von dieser abgezogen und auf eine andere, ursprünglich weniger intensive Vorstellung – die mit der ersten in assoziativem Zusammenhang steht – übertragen. Damit kommt es zu einer Umwandlung psychischer Wertigkeit von einer emotional bedeutsamen Vorstellung zu einem belangloseren Inhalt. Bei der Symptombildung im Rahmen der Phobie, z.B. der Agoraphobie, ist insofern der Mechanismus der Verschiebung beteiligt, als hier für die

Person bedrohliche, unbewusste Triebregungen auf einen unbedeutenden, aber assoziativ verbundenen Inhalt (bzw. Objekt) „verschoben" sind. Die assoziative Verbindung bedeutet, dass die Verschiebung, den Prinzipien des Unbewussten folgend, weder logischen Gesetzen noch formalen Regeln unterworfen ist.

Der Mechanismus der Verdichtung wurde von Freud erstmals in der *Traumdeutung* thematisiert. Er beschreibt damit das Traumphänomen, wonach verschiedene Elemente oder Vorstellungsinhalte zu einer Einheit zusammengefasst werden können. Beispiele dafür sind die bekannten „Mischpersonen" in Träumen, die eine Art Konglomerat von verschiedenen Individuen darstellen, und damit ein gemeinsames Element dieser Personen in „verdichteter" Form illustrieren. Freud wies bereits darauf hin, dass bei der Verdichtung immer eine Verschmelzung von jenen Bildern oder Gedankeninhalten erfolgt, die Gemeinsamkeiten aufweisen, somit also nicht zufällig ausgewählt wurden. Diese Tatsache kann als Argument gegen den wiederholten Vorwurf gelten, dass Träume nur einer zufälligen Abfolge von Bildern entsprechen. In der Sicht Freuds entspricht der Mechanismus der Verdichtung vielmehr „einer ausgefeilten Technik, die sich auf intelligenteste Art zufälliger Ähnlichkeiten von zwei Objekten bedient." Eine anschauliche Vorstellung von der Arbeitsweise des Verdichtungsvorganges gibt eine besondere Form der Computergraphik. In diesen Graphiken werden inhaltlich ähnliche Bilder durch einen vorgegebenen Algorithmus derartig nach bestimmten visuellen Gesichtspunkten angeordnet, dass aus dem Mosaik ein neues (mit den Einzelbildern aber inhaltlich verbundenes) Gesamtbild entsteht (Abb. 54). Dieser Vorgang, bzw. dieses Bild, ähnelt in vieler Hinsicht Traumbildern bzw. Trauminhalten, die aus vielen Einzelbildern (bzw. assoziativ zusammenhängenden Gedankeninhalten) verdichtet werden.

Abgesehen von der Wirksamkeit im Traumgeschehen, ist die Verdichtung auch eines der wesentlichen Elemente im Witz oder in Fehlleistungen, wie etwa beim Versprechen.

Ökonomisch bzw. energetisch betrachtet, ist der Primärvorgang durch eine große Beweglichkeit der sogenannten „Besetzungsintensitäten" gekennzeichnet. Erst dadurch wird es bei der Verschiebung möglich, dass eine Vorstellung den ganzen Betrag ihrer Besetzungen an eine andere abgeben kann. Ebenso wird bei der Verdichtung die gesamte Besetzung mehrerer Vorstellungen in einer zusammengefügt. Der Primärvorgang strebt primär nach Abfuhr der Erregungen, um mit der so gesammelten Erregungsgröße eine „Wahrnehmungsidentität" herzustellen, während im Sekundärvorgang versucht wird, durch Abfuhrhemmung eine „Denkidentität" zu erlangen. Den Traum sieht Freud als Abbild des Primärvorganges, da durch den regredienten Charakter des Traumbildes eine Wahrnehmungsidentität hergestellt wird. In seiner Arbeit *Formulierungen über die zwei Prinzipien des psychischen Geschehens* zieht er Parallelen zwischen Primärvorgang und Lustprinzip, sowie zwischen Sekundärvorgang und Realitätsprinzip (Freud, 1911).

Auf die formalen Charakteristika des Primärvorganges, zu denen neben der Zeitlosigkeit und der konkretistischen Funktionsweise auch das Fehlen von Widersprüchen und Negationen zählen, wurde bereits bei den Ausführungen über das Unbewusste eingegangen. Topographisch betrachtet, sind Primärvorgang und Sekundärvorgang bestimmten Strukturen des psychischen Apparates klar zuordenbar. So kennzeichnet der Primärvorgang das System Unbewusst und der Sekundärvorgang das System Vorbewusst-Bewusst.

Abb. 54. Photomosaic ® Copyright: Robert Silvers

Die empirische Dimension des
Primärvorganges

Erste Experimente, um den Primärvorgang mittels empirischer Methoden zu untersuchen, wurden von Otto Pötzl unternommen (Pötzl, 1917). Er präsentierte Probanden subliminale visuelle Darstellungen mittels Tachistoskop, einem visuellen Projektionsgerät, das Bilder unterhalb der Wahrnehmbarkeitsschwelle erzeugt. Die Versuchspersonen wurden danach aufgefordert, ihre visuellen Eindrücke und die darauf folgenden Träume zu schildern, bzw. die erinnerten Traumbilder aufzuzeichnen. Die Ergebnisse zeigten, dass die erinnerten Traumbilder der unbewusst registrierten Stimuli oft jener Transformation und Verzerrung unterzogen wurden, die Freud als Verdichtung, Verschiebung und als symbolische Darstellung bezeichnete, und damit als Manifestationen des Primärvorganges gewertet werden können. Fisher replizierte und erweiterte diese experimentelle Technik, indem er neben subliminalen auch supraliminale Stimuli darbot und zeigen konnte, dass ausschließlich die subliminalen Stimuli einer primärprozesshaften Transformation unterzogen wurden (Fisher, 1960). Untersuchungen an split-brain Patienten, also Individuen, deren Hemisphären durch Callosotomie getrennt wurden, beeinflussten in weiterer Folge auch die psychoanalytische Forschung. Galin wies als erster auf die Parallelen zwischen der psychoanalytischen Theorie von Primär- und Sekundärvorgang und der Spezialisierung der zerebralen Hemisphären hin (Galin, 1974). Die Annahme, dass die linke Hemisphäre mit logischen und realen Eigenschaften, also dem Sekundärvorgang, und die rechte Hemisphäre mit emotionalen und symbolisierenden Elementen, also dem Primärvorgang, in Zusammenhang zu bringen ist, wurde später oft als reduktionistisch bezeichnet, und entsprechend modifiziert bzw. teilweise revidiert. Entgegen dieser Ansicht steht das Argument, dass

beide Hemisphären durch den Balken in Verbindung stehen und damit eine kontinuierliche und simultane Wahrnehmung und Organisation von Erfahrungen in den verschiedenen kognitiven Modalitäten gewährleistet ist. Dementsprechend kann zumindest beim erwachsenen Individuum von einer dynamischen Koexistenz von Primärvorgang und Sekundärvorgang ausgegangen werden (McLaughlin, 1978).

Mit einer modifizierten Form der Pötzl'schen subliminalen Stimulationstechnik unternahm Shevrin eine Reihe von Untersuchungen zur Funktionsweise des Primärvorganges. (Shevrin, 1960). Unter anderem verkürzte er die Stimulationsdauer der Bilder auf 1 Millisekunde, um eine bewusste visuelle Wahrnehmung definitiv auszuschließen. Mittels spezieller Stimulationsform war es ihm möglich, sowohl Primärvorgang-, als auch Sekundärvorgang-bezogene Effekte zu induzieren. Der Stimulus selbst bestand aus einer bildlichen Darstellung eines Rebus (in Anlehnung an Freuds Vergleich der Bildersprache des Traumes mit einem Rebus), nämlich des Bildes eines Schreibstiftes (pen) an einem Knie (knee), das zusammen das Wort „penny" ergab. Aus den nach der Stimulationen induzierten Assoziationen der Versuchspersonen konnten mehrere Ergebnisse gewonnen werden: 1) Sekundärvorgang-bezogene Effekte, die durch kategorielle Assoziationen charakterisiert waren (z.B. bei pen etwa „ink" oder „paper" und bei knee etwa „foot" oder „leg"), 2) Primärvorgang-bezogene Effekte, die sich durch Klangassoziationen zu den einzelnen Worten ergaben (z.B. „open" zu pen), sowie 3) Primärvorgang-bezogene Verdichtungen der Worte pen und knee zu „penny", was zu einer effektiven Wortneubildung führte.

In einer weiteren Versuchsreihe wurde der Effekt subliminaler Stimulation auf die verschiedenen Schlafstadien untersucht (Shevrin, 1967). Die Ergebnisse zeigten, dass Primärvorgang-bezogene Effekte in

Assoziationen unmittelbar nach einer REM-Phase, während Sekundärvorgang-bezogene Effekte in Assoziationen nach Non-REM-Phasen auftraten. Diese Konstellationen wären indirekte Bestätigungen für die psychoanalytische Theorie, dass im Traum (d. h. während der REM-Phasen) die Funktionsweise des Primärvorganges vorherrschend ist.

Angesichts der wissenschaftstheoretischen Forderung, dass der Beweis einer Theorie durch Methoden erfolgen muss, die von der Theorie selbst unabhängig sind, versuchten auch andere Psychoanalytiker einen experimentellen Nachweis der Existenz des Primärvorganges mittels empirischer Studien zu liefern. In diesem Zusammenhang wurde, unter Anwendung der subliminalen Stimulationsmethode, die Fähigkeit zur Kategorisierung von bildlichem Material – sowohl im subliminalen als auch im supraliminalen Modus – untersucht (Brakel, 2000). Grundlegende Vorarbeiten zum Thema Kategorisierung und Ähnlichkeiten wurden von Smith und Medin durchgeführt (Smith, 1981). Die Autoren unterscheiden zwischen „attributioneller" und „relationaler" Ähnlichkeit. Eine „attributionelle" Ähnlichkeit bezieht sich auf konkrete, spezifische und oberflächliche Eigenschaften, während „relational" eine Ähnlichkeit von Beziehungen unter Attributen beschreibt (Abb. 55). Werden Probanden vor die Wahl gestellt, eines von zwei Bildern in Bezug auf die Ähnlichkeit zu einer vorgegebenen Abbildung (master figure) auszuwählen, wird das relational ähnliche Bild (relationally similar) häufiger als das der master figure „ähnlichere" Bild zugeordnet (Medin, 1990).

Dieses Versuchsparadigma wurde von Brakel um die zusätzliche subliminale Stimulation erweitert, um zu untersuchen, ob die Entscheidungen hinsichtlich der Ähnlichkeitsmerkmale Primär- oder Sekundärvorgang-bezogenen Aspekten unterworfen sind (Brakel, 2000). Die Autoren der Untersuchung gingen von der An-

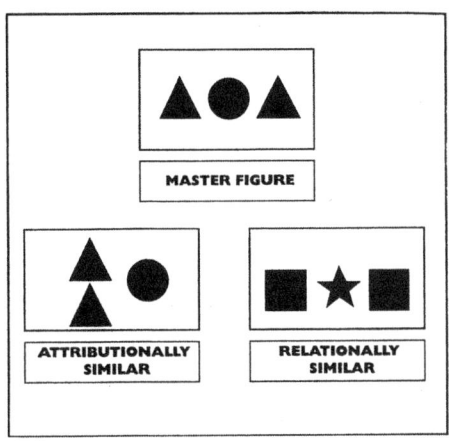

Abb. 55. Illustration einer „attributionellen" (attributionally) und „relationalen" (relationally) Ähnlichkeit in Bezug zu einer vorgegebenen Abbildung (master figure). Copyright: The Institute of Psychoanalysis, London (Brakel, 2000).

nahme aus, dass Ähnlichkeitsentscheidungen nach relationalen Kriterien dem Sekundärvorgang, und Entscheidungen auf attributioneller Basis dem Primärvorgang zuzuordnen sind. Die Studie zeigte, dass die Probanden, trotz der Komplexität der subliminalen Stimuli, in der Lage waren, das präsentierte Bild zu erfassen, und Entscheidungen in Bezug auf die Ähnlichkeit der Stimuli zu treffen. Die Experimente konnten ferner nachweisen, dass bei Ähnlichkeitsentscheidungen mit subliminaler Stimulation signifikant häufiger Bilder mit attributioneller Ähnlichkeit (also dem Primärvorgang zuordenbar) gewählt wurden. Obwohl die erfassten Daten nicht mit psychoanalytischen Methoden erhoben wurden, behandeln sie dennoch formale Aspekte Primärvorgang-bezogenen Denkens, insbesondere Verdichtung und Verschiebung und die damit verbundenen gedanklichen Manifestationen. Aus dieser Sicht stellen Ergebnisse aus kontrollierten Studien unabhängiges Beweismaterial dar, das grundlegende Konzepte der Metapsychologie bzw. der Psychoanalyse zu stützen vermag.

Der zuvor genannte Kategorisierungstest nach Kriterien der Ähnlichkeit bietet weitere Möglichkeiten, charakteristische Aspekte des Primärvorganges zu untersuchen bzw. zu bestätigen. Um die Primärvorgang-bestimmte Denkorganisation von Vorschulkindern zu testen, wurden diese in einer standardisierten Versuchsanordnung aufgefordert, diejenige Abbildung auszuwählen, die ihrer Meinung nach der „master figure" am ähnlichsten sei. Es zeigte sich, dass die Entscheidungen – korrelierend mit der psychoanalytischen Theorie – in der Mehrzahl nach attributionellen Aspekten getroffen wurden, was mit dem Vorherrschen des Primärvorganges in Einklang steht (Brakel, 2004). Einen ähnlichen, signifikanten shift in Richtung attributioneller Kategorisierung fand Brakel auch bei Patienten mit zuvor objektivierten erniedrigten Angstlevels. Diese Ergebnisse sind ebenfalls mit der psychoanalytischen Beobachtung kompatibel, dass Patienten mit einer Disposition zu Angstzuständen vermehrt Funktionsweisen aufweisen, die dem Primärvorgang entsprechen (Brakel, 2004).

Die Frage nach der Funktion des Primärvorganges wurde von Freud dahingehend beantwortet, als er ihn für eine frühe Form des Denkens ansah, die sich im Laufe der Phylogenese in Ermangelung einer Funktion nunmehr hauptsächlich im Traum manifestiert. Mittlerweile liefern zahlreiche empirische Untersuchungen den Nachweis, dass unbewusste Informationsverarbeitung tatsächlich existiert, und dass unbewusste Inhalte bewusstes Verhalten beeinflussen können. Bezüglich der subliminalen Wahrnehmung liegen klare neurophysiologische Daten und Konzepte vor (Dixon, 1971; Dehaene & Changeux, 2004). Die Annahme der Existenz subliminaler Wahrnehmungen wird durch die Tatsache unterstützt, dass afferente Bahnen des lemniskalen Systems (Bahnen, die sensorische Information zum Cortex leiten) rascher Information weiterleiten, als jene des extralemniskalen Sys-

tems (zu dem auch das für das Bewusstsein notwendige aufsteigende retikuläre Sysem gehört). Aus diesem Grund ist es für einen eintreffenden Stimulus möglich, den Cortex zu erreichen (sodass vom Cortex gleichzeitig eine Hemmung des retikulären Systems erfolgt), noch bevor ein neuraler Impuls das retikuläre System erreicht, und damit eine bewusste Wahrnehmung induziert hätte. Dieses für externe Reize konzipierte Modell unbewusster Informationsverarbeitung wäre im Prinzip auch für innere Stimuli (Motivationen, Wünsche, Bedürfnisse) vorstellbar. Ein derartiger Mechanismus könnte die neurobiologische Grundlage für ein Erklärungsmodell von unbewussten Konfliktsituationen darstellen (Shevrin, 2003).

Der Nachweis eines neuralen Substrates für die unbewusste Informationsverarbeitung lässt in der Folge die Frage nach der biologischen Funktion aufkommen. Im Bezug auf den Primärvorgang erhebt sich die Frage nach der evolutionären Bedeutung einer Funktionsweise des psychischen Apparates, die sich unter anderem der Mechanismen Verdichtung, Verschiebung, oder der symbolischen Darstellung bedient. Den Annahmen Freuds zu dieser Fragestellung folgend, könnte die vergleichende Verhaltensforschung dazu wichtige Beiträge liefern. Der Ethologie ist die Entdeckung der Bedeutung von sogenannten Schlüsselreizen zu verdanken (Franck, 1997). Diese repräsentieren visuelle oder akustische Reize, die einfach strukturiert sind (d.h. aus wenigen Elementen bestehen) und gleichzeitig auffällig und eindeutig sind. Derartige Reize haben im Tierreich die biologische Funktion, Instinkthandlungen auszulösen. Zusätzlich weisen die Reize Symbolcharakter auf. In Attrappenversuchen konnte Tinbergen zeigen, dass Instinkthandlungen bei Tieren auch noch durch extreme Abstrahierungen des Schlüsselreizes auslösbar waren, und dass durch extreme Schematisierungen bzw. Symbolisierungen (z.B. Ersatz des Schnabels des Muttertieres durch einen Stab mit drei Punkten) sogar noch verstärkt Handlungen induziert werden können (Tinbergen, 1951). Würde man derartige Schematisierungen bzw. Symbolisierungen mit den Mechanismen der Verschiebung und Verdichtung in Zusammenhang bringen, könnte diese Form der Wahrnehmungsorganisation auch im weitesten Sinne mit Funktionsweisen des Primärvorganges verglichen werden. Nach dieser Annahme hätte Wahrnehmung, die nach den Gesetzen des Primärvorganges stattfindet, die biologische Funktion, das Motivationssystem zu aktivieren und damit spezifische Verhaltensmuster zu induzieren, wobei die Symbolisierungsfähigkeit als Erweiterung bzw. Absicherung der Reizwirkung gesehen werden könnte. Ähnliche Schlüsselreize mit anschließender Instinkthandlung in Form von Lächeln kann bei Säuglingen im Alter von 3–6 Monaten nachgewiesen werden, also in einem Alter, in dem nach psychoanalytischer Ansicht der Primärvorgang vorherrscht (Spitz, 1965). Auch beim Säugling kann die Reaktion (das Lächeln) durch extreme Schematisierung des menschlichen Gesichts noch verstärkt werden. Diese Phänomene sind mit zunehmender Reifung des Kleinkindes nicht mehr nachweisbar.

Die bisherigen Ausführungen, die den Primärvorgang als phylogenetischen Atavismus charakterisieren würden, wären mit dem phylogenetisch-evolutionären Konzept der Gehirnfunktion von Paul MacLean kompatibel. MacLean selbst verglich die nichtsprachliche, sogenannte „prosematische", Kommunikationsform der alten Gehirnstrukturen, also des Reptiliengehirns und des Limbischen Systems, mit den Funktionsprinzipien des Freudschen Primärvorganges (MacLean, 1990). Die Denkorganisation des Primärvorganges und dessen Mechanismen (Verdichtung, Verschiebung, Symbolisierung) wären diesen Vorstellungen zufolge gleichsam die „Sprache" der älteren Gehirnformationen.

Primärvorgang-spezifische Funktionen würden sich bei Aktivierung dieser Systeme in ihrer spezifischen „Sprache", z.B. als symbolische Darstellung von Trauminhalten, oder in Form neurotischer Symptome manifestieren. Das simultane Funktionieren des Gehirns auf verschiedenen evolutionären Ebenen würde mit einer ständigen Koexistenz und wechselseitigen Beeinflussung von Primär- und Sekundärvorgang korrelieren und Manifestationen des Primärvorganges in Form von Fehlleistungen, Witzen, neurotischen Symptomen, Träumen bzw. Kunst als integrativen Bestandteil menschlichen Erlebens erklären.

Die Funktionsweise des Sekundärvorganges entsteht entwicklungsgeschichtlich betrachtet aufgrund der zunehmenden Auseinandersetzung des Individuums mit den Gegebenheiten der Realität. Dementsprechend ist der Sekundärvorgang durch Eigenschaften charakterisiert, die den Elementen des Primärvorganges entgegenstehen. Dem Sekundärvorgang sind somit die Gesetze der Logik und der Kausalität zueigen, ebenso wie das Zeitgefühl, oder die Inkompatibilität mit Widersprüchen und Paradoxien. Mit dem Erreichen der „Denkidentität" im Sekundärvorgang werden realitätsgerechte psychische Leistungen, wie rationales Denken, Aufmerksamkeit und Willkürhandlungen ermöglicht. Diese Fähigkeiten setzen laut Freud eine Tendenz zur „Bindung von psychischer Energie" voraus, d.h. dass beim rationalen Denken nur geringe Mengen psychischer Energie verschoben werden, ganz im Gegenteil zum Primärvorgang, bei dem die psychische Energie frei beweglich und leicht verschiebbar ist. Ein wesentliches Merkmal des Sekundärvorganges ist die Befähigung zur Sprache. Mit ihr werden Worte nicht mehr konkretistisch verarbeitet, sondern als Werkzeug für die symbolische Darstellung von abstrakten Ideen und Vorstellungen verwendet.

4.3 Das Konzept der Regression

Regression bedeutet im allgemeinen Sinn eine Rückkehr zu einem früheren Zustand. In der Psychoanalyse wird damit eine Rückkehr zu einer früheren Stufe der Entwicklung, oder einer früheren Stufe psychischer Funktion bezeichnet. Die Vorstellung der Regression ist damit implizit mit einer hierarchischen Organisation der Psyche, bzw. der psychischen Entwicklung verbunden, in der es zu einem Fortschreiten von einer primitiven zu einer komplexen Stufe kommt. Die Regression selbst erinnert an das von Hughlings Jackson und Herbert Spencer postulierte Prinzip der Dissolution, also der Umkehr eines evolutionären Prozesses mit dem Wegfall der übergeordneten Schichten und der damit verbundenen Freilegung untergeordneter Strukturen (Goldstein, 1995).

Das Konzept der Regression wurde von Freud bereits in seiner neurologischen Arbeit *Zur Auffassung der Aphasien* (1891) verwendet. In Anlehnung an Hughlings Jacksons Prinzip der Dissolution sah Freud in den Symptomen der Aphasien einen Zustand, der bereits am Beginn der Sprachentwicklung existierte bzw. durchlaufen wurde (Freud, 1891). In der *Traumdeutung* (1900) führt Freud den Begriff der halluzinatorischen Wunscherfüllung ein, die eine primitive Form mentaler Aktivität darstellt und vom Säugling sehr bald im Zuge der Entwicklung aufgegeben wird. Nur im Traum und in der Psychose erfolgt später eine Rückkehr zu dieser niederen psychischen Funktionsweise, im Sinne einer Regression. Diese Form der Regression setzt eine hierarchische Organisation des psychischen Apparates voraus, wie sie im topographischen Modell verwirklicht ist. Aus diesem Grund wird beim Traumgeschehen, bei Halluzinationen oder bei der Psychose auch von einer „topographischen bzw. topischen Regression" gesprochen, also einer Rückkehr vom System Vbw-Bw zum System Ubw, bzw.

vom Sekundärvorgang zum Primärvorgang.

In seinem Werk *Drei Abhandlungen zur Sexualtheorie* (Freud, 1905a) nimmt Freud auf eine weitere Form der Regression Bezug, die im genetischen Kontext zu betrachten ist. Er spricht dabei von einer „Rückkehr" der Libido zu Liebesobjekten der Kindheit, bzw. zu früheren Organisationsstufen der Libidoentwicklung, also von einer Regression, die primär nicht innerhalb des psychischen Apparates, sondern im Zuge der psychischen Entwicklung stattfindet. Diese sogenannte „zeitliche oder temporale Regression" ist als Rückkehr des Subjektes zu Etappen zu verstehen, die in der Entwicklung bereits durchlaufen wurden. Als Beispiele könnten hier die Hysterie und die Zwangsneurose genannt werden. Bei ersterer kommt es aus psychoanalytischer Sicht zu einer Regression der Libido zu den primären Sexualobjekten der Kindheit, der Zwangsneurotiker regrediert sogar auf eine prägenitale Stufe der Libidoentwicklung, nämlich auf die anale Stufe. Die zeitliche Regression kann sich dabei auf Stufen der Libidoentwicklung, der Objektbeziehungen oder andere Entwicklungsaspekte beziehen.

Schließlich beschreibt der Begriff der „formalen Regression" eine Rückkehr zu primitiveren Formen des Ausdrucks und des Verhaltens. Von einer formalen Regression könnte deshalb beim Wandel von Sekundär- zu Primärvorgang, oder von der Denkidentität zur Wahrnehmungsidentität gesprochen werden. Für Freud stellte die Rückkehr zu früheren Stufen der psychischen Funktion ein grundlegendes Merkmal seelischer Erkrankungen dar. Ungeachtet der verschiedenen Formen, repräsentiert die Regression ein Kernkonzept der psychoanalytischen Theorie hinsichtlich der Genese der Neurosen und Symptombildung (Jackson, 1969).

Gedo und Goldberg entwarfen nach Freud ein hierarchisches Modell der psy-

chischen Entwicklung, das den Reifungs-
grad des psychischen Apparates in Abhängigkeit von der phasenhaften zeitlichen
Entwicklung des Individuums beschreibt
(Gedo & Goldberg, 1973). Da in diesem
Modell auch Aspekte der Beziehungen zu
den Objekten (d.h der Fähigkeit zur Unter-
scheidung zwischen Selbst und Objekten)
Berücksichtigung finden, ist damit eine
genauere formalisierte Beschreibung der
Regressionsstufe eines Individuums möglich. In diesem Konzept sind demnach
auch Weiterentwicklungen der psychoanalytischen Theorie (Narzissmustheorie,
Objektbeziehungstheorie, Selbstpsycholo-
gie) integriert, die ein detaillierteres Bild
psychischer Funktionsweisen zwischen
Reflexbogenmodell und Strukturmodell
vermitteln (Abb. 56).

Die horizontale Achse des Schemas ist in
Phasen unterteilt, die verschiedene entwicklungsbezogene Aspekte beinhalten
können.

Phase I erstreckt sich vom Zeitpunkt der
Geburt bis zum Erlangen der Fähigkeit, kognitiv zwischen Selbst und Objekt zu differenzieren.

Phase II reicht vom zuletzt genannten
Zeitpunkt bis zur funktionellen Trennung
des Selbst vom Objekt.

Phase III erstreckt sich vom Zeitpunkt
der Konsolidierung eines zusammenhängenden Selbst bis zur Ausbildung des Über-
Ich.

Phase IV reicht von der Über-Ich Bildung
bis zur Ausdifferenzierung des Ich.

Phase V repräsentiert den Zeitpunkt des
voll differenzierten psychischen Apparates.

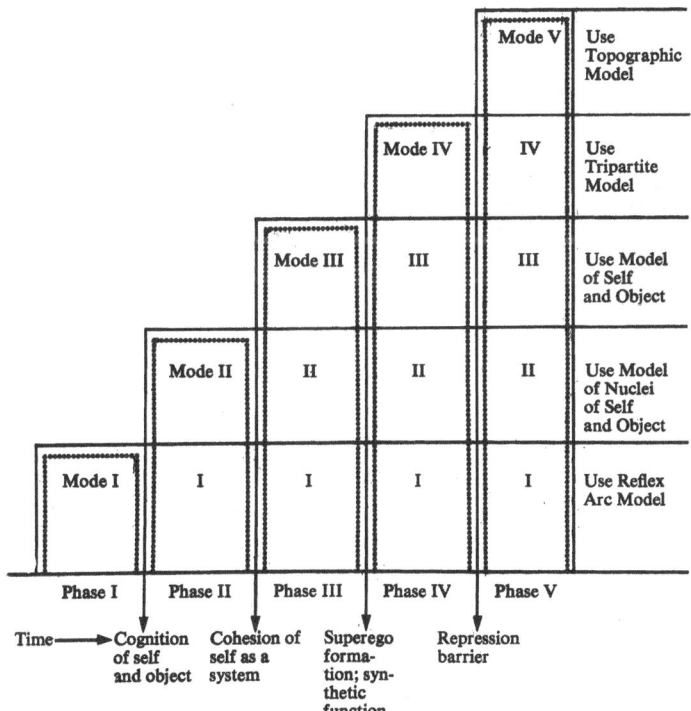

Abb. 56. Hierarchisches Modell der psychischen Entwicklung und Funktion nach Gedo und Goldberg
(Gedo & Goldberg, 1973). Copyright: The University of Chicago Press.

Der zeitliche Ablauf der einzelnen Phasen widerspiegelt schematisch die normale Entwicklung der Persönlichkeit. Psychische Konflikte würden innerhalb dieses Entwicklungsschemas durch die resultierende Regression als autonome Areale imponieren, die an der normalen Persönlichkeitsentwicklung nicht teilnehmen. Wie dem hierarchischen Entwicklungsmodell zu entnehmen ist (Abb. 56), sind dem auf der horizontalen Achse dargestellten phasenhaften Entwicklungsablauf die jeweiligen Funktionsweisen bzw. Modelle des psychischen Apparates auf der vertikalen Achse gegenübergestellt. Demnach wären Verhaltensweisen im Modus (Mode) I am treffendsten unter Heranziehung des Reflexbogenmodells zu erklären. Im Modus II und III ist Verhalten idealerweise durch Modelle, die auf das Selbst und die Objekte Bezug nehmen, zu verstehen. Verhaltensweisen im Modus IV und V sind schließlich durch das Strukturmodell (Tripartite Model) und/oder das topographische Modell adäquat zu beschreiben. Nach Gedo und Goldberg ist dieses entwicklungsbezogene hierarchische Modell nicht als starre Systematik zu verstehen. So kann etwa die Darstellung der Entwicklungsphasen durch eine weitere Unterteilung in Subgruppen modifiziert werden, um ein genaueres Bild psychischer Funktionsweisen zu erlangen.

Die phylogenetische Regression

Von einigen Autoren wird die Ansicht vertreten, dass neben der zuvor behandelten ontogenetischen Regression auch eine phylogenetische Regression existiert (Meerlo, 1962; Bailey 1978). Merlo sieht Regression als Prozess, der als Folge von Gefahr, Furcht oder Stress, immer zugleich ein ontogenetischer und phylogenetischer Rückschritt ist. Die Regression führt dazu, dass erworbene Verhaltensweisen und Gewohnheiten im Vergleich zu älteren Funktionsweisen an Bedeutung verlieren. Ein weiteres Merkmal der Regression ist,

dass sie leichter erfolgt als ihr Gegenteil, die Progression (Meerlo, 1962). Neben den allgemeinen Charakteristika einer phylogenetischen Regression, zu denen eine Verminderung der Bedeutung kultureller und moralischer Errungenschaften des Menschen gehören, erhebt sich die Frage nach spezifischen verhaltensbezogenen Merkmalen der phylogenetischen Regression.

Einige der diesbezüglich zu nennenden Eigenschaften wären die mit der phylogenetischen Regression einhergehende Reduktion hemmender Faktoren, sowie eine Zunahme der Aggressivität und des Luststrebens (Bailey, 1978). Der Wegfall von Hemmungen, der alltäglich etwa im Rahmen von gewalttätigen Auseinandersetzungen beobachtet werden kann, ist auch mit einer Änderung des Antwortverhaltens – im Sinne des „Alles-oder-Nichts"-Prinzips – verbunden. Dies bedeutet, dass das Verhalten eher automatisch wird, und den sekundärprozessbezogenen Aspekten des Ich und Über-Ich weniger unterworfen ist. Enthemmung kommt in diesem Sinn einem verhaltensbezogenen Atavismus gleich. Gefahr scheint in der Phylogenese bei der Entwicklung von regressiven Verhaltensweisen eine bedeutende Rolle gespielt zu haben; zudem scheint die Gefahr zu extremeren Formen der Regression zu führen (Schur, 1960). Auf die Fähigkeit des Menschen zur Aggression bis hin zu extremsten Formen der Gewalt – im Sinne eines Phänomens phylogenetischer Regression – muss in Anbetracht ihrer Allgegenwart innerhalb der Gesellschaft nicht weiters hingewiesen werden. Ontogenetisch betrachtet, ist das Lustprinzip nach Freud die primäre Funktionsweise des psychischen Apparates, die erst mit zunehmender Entwicklung vom Realitätsprinzip abgelöst wird. In diesem Konzept ist bereits implizit eine genetisch-hierarchische Organisation enthalten. Die Vorstellung Freuds korreliert mit der Annahme, dass auch in der phylogenetischen Regression das Luststreben wieder in den Vordergrund gelangt. Rado sieht im hedonistischen bzw. luststrebenden Verhalten ein Phänomen des phylogenetisch primitivsten Teiles des psychischen Systems (Rado, 1969).

Ein weiteres Merkmal phylogenetischer Regression ist die Bedeutung nonverbaler Kommunikation. Diese zeigt sich beim Menschen vor allem in Verbindung mit aggressiven, sexuellen, oder Gefahr-assoziierten Verhaltensweisen. Obwohl der Informationsgehalt nonverbaler Äußerungen im Vergleich zur Sprache gering ist, scheint ihnen eine große kommunikative Bedeutung zuzukommen. In gewisser Hinsicht können die nonverbalen Vokalisationen als regressive Erscheinungen instinkthafter Ausdrucksweisen angesehen werden (Bailey, 1978). Eine interessante neurobiologische und ethologische Parallele ergibt sich in diesem Zusammenhang insofern, als auch nach der Triune-Brain-Theorie MacLeans die archaischen Makrostrukturen des Gehirns (R-Komplex und Paläo-Säugetiergehirn) nur der nonverbalen Kommunikation fähig sind. In Bezug auf das Verhalten eines Individuums innerhalb der Gruppe sind vermehrte Tendenzen zur Kooperation und eine Bereitschaft zur Anerkennung von Autoritäten ebenfalls Kennzeichen phylogenetischer Regression (Bailey, 1978).

4.4 Phylogenese und Ontogenese in der Psychoanalyse

Die Bedeutung, die Freud in der Psychoanalyse phylogenetischen und ontogenetischen Aspekten – und deren Verbindungen – beimaß, ist an vielen Stellen seiner Werke nachzuvollziehen. Phylogenetische und ontogenetische Entwicklung ist dabei immer als stadienhafter Reifungsprozess zu verstehen, der zu einer hierarchisch organisierten Funktionsstruktur führt. Dies bedeutet nicht, dass frühere Stadien von reiferen Entwicklungsstufen ersetzt werden, sondern dass diese die früheren Stadien überlagern. Durch diese hierarchische

Struktur ist auch die Rückkehr von einer übergeordneten zu einer untergeordneten Stufe, im Sinne einer Regression, zu verstehen.

Das Interesse Freuds an den Zusammenhängen zwischen Phylogenese und Ontogenese ist nicht zuletzt auf den damaligen Zeitgeist der Biologie zurückzuführen. Freud war nicht nur von Darwin (Ritvo, 1993), sondern vor allem von Haeckel (Sulloway, 1979) und Lamarck (Ritvo, 1965) entscheidend beeinflusst. Lange vor Entdeckung der psychosexuellen Entwicklungsstadien – der oralen, analen und genitalen Phase – vermutet Freud eine phylogenetische Ursache im Mechanismus der Verdrängung. Er verdeutlicht seine Theorie anhand der Veränderung der Bedeutung des Riechens in der Onto- und Phylogenese. Demnach war die Entwicklung des aufrechten Ganges beim Menschen mit einem Funktionswandel des Riechorganes verbunden, das nun nicht mehr dem Boden zugewandt war. Dieser Wandel führte nach Freud zugleich dazu, dass olfaktorische Sensationen, die früher für das Individuum interessant waren, nunmehr als abstoßend und Ekel erregend empfunden wurden. In Analogie zu diesem phylogenetischen Prozess käme es im Laufe der kindlichen Sexualentwicklung zur Verdrängung von ursprünglich lustvollen olfaktorischen Tendenzen. Insofern würde es hier zu einer Wiederholung phylogenetischer Aspekte in der Ontogenese kommen (Freud, 1897). Diese Rekapitulation der Phylogenese in der Ontogenese entspricht im Prinzip dem biogenetischen Grundsatz von Haeckel (Haeckel, 1874), obgleich es sich bei den Annahmen Freuds um psychische Aspekte handelt. Zugleich findet sich in diesen Ansichten das Konzept einer Vererbung von erworbenen mentalen Eigenschaften im Sinne der Evolutionstheorie Lamarcks.

In den *Drei Abhandlungen zur Sexualtheorie* verweist Freud auf die animalischen Ursprünge der oralen und analen Stadien der psychosexuellen Entwicklung, indem er sie mit „Rückfällen auf frühtierische Zustände" vergleicht (Freud, 1905b). Die biologischen Wurzeln der zuletzt genannten Stadien stammen diesen Anschauungen zufolge noch aus Zeiten des vierbeinigen Ganges, als Geschmacks- und Geruchssinn überwiegten, und das Sehen noch keine bedeutende Sinnesfunktion war. Der biogenetische Grundsatz von Haeckel bezieht sich auf physische Merkmale, die in der Ontogenese des Individuums wiederholt werden. Ein wichtiger Aspekt ist jedoch, dass diese physische Wiederholung der Phylogenese in der Ontogenese nur ein passageres Phänomen ist. Die archaischen morphologischen Strukturen, welche die Embryonen vieler Arten am Beginn der Entwicklung teilen, werden im Laufe der weiteren Reifung schließlich durch differenziertere morphologische Strukturen ersetzt. Dies bedeutet, dass die körperliche Rekapitulation in der Ontogenese nur ein Durchlaufen von früheren Entwicklungsstufen darstellt. Am menschlichen Körper des Erwachsenen finden sich nur mehr kaum erkennbare Residuen des phylogenetischen Erbes, etwa in Form des sogenannten „Darwin-Höckers" am Ohr, einer Vorwölbung des Ohrrandes, die ein Rudiment der tierischen Ohrspitze repräsentiert. Anders verhält es sich mit der von Freud postulierten mentalen Rekapitulation der Phylogenese in der Entwicklung des Individuums, da in diesem Fall die einzelnen Stadien nebeneinander existieren können. Es kommt hierbei zwar auch zu einem chronologischen Durchlaufen der einzelnen Stadien, allerdings werden die älteren Stadien nicht durch die darauffolgenden ersetzt, vielmehr kommt es zu einer Hemmung der älteren durch die darauffolgenden Stadien. In gewisser Hinsicht ergeben sich hier Parallelen mit den sogenannten Primitivreflexen. Auch sie stellen das phylogenetische Erbe archaischer lebensnotwendiger Reflexe dar, die in der Ontogenese bis zum späten Säuglingsalter präsent

sind und im Laufe der weiteren Reifung durch übergeordnete zerebrale Strukturen gehemmt werden. Die Primitivreflexe werden ebenfalls nicht ersetzt, sondern existieren in latenter (gehemmter) Form weiter, und kommen durch Läsionen höherer zerebraler Strukturen wieder zum Vorschein.

Bei der Neurose besteht aus psychoanalytischer Sicht eine Regression auf frühere Stadien der psychosexuellen Entwicklung. Der Neurotiker ist jedoch nicht nur in seiner psychosexuellen Reifung aufgrund der Regression auf einer kindlichen Stufe der Sexualität fixiert, sondern er repräsentiert zugleich einen Zustand der phylogenetischen Regression, d.h. er zeigt in seinem Verhalten Charakteristika, die den menschlichen Vorfahren einst zueigen waren. In *Psychoanalytische Bemerkungen über einen autobiographisch beschriebenen Fall von Paranoia* verweist Freud auf die Parallelen zwischen dem Seelenleben von Kindern, zeitgenössischen Primitivvölkern und von Neurotikern. Sie alle rekapitulieren archaische mentale Zustände der menschlichen Vorfahren und teilen, seiner Ansicht nach, somit ein gemeinsames phylogenetisches Erbe (Freud, 1911a).

In der Abhandlung *Übersicht der Übertragungsneurosen* geht Freud einen Schritt weiter, und versucht, eine Korrelation zwischen den Eigenschaften bestimmter psychopathologischer Zustände und verschiedenen phylogenetischen Entwicklungsstadien herzustellen (Freud, 1915a). Obwohl er diese Ausführungen selbst als „phylogenetische Phantasie" bezeichnet, repräsentieren sie einen Versuch, Zusammenhänge zwischen psychopathologischen Entitäten, sowie der Ontogenese und der Phylogenese herzustellen. Freud erstellt eine Chronologie der neurotischen und psychotischen (narzisstischen) Störungen in der Ontogenese, entsprechend dem Ausmaß ihrer Regression auf frühe psychosexuelle Stadien. Die Angsthysterie repräsentiert demnach die früheste Neurose, gefolgt von der Konversionshysterie, die etwa ab dem vierten Lebensjahr beobachtet wird. Zwangsneurotische Störungen treten erst etwas später, in der Vorpubertät, auf. Die psychotischen (von Freud ursprünglich als narzisstisch bezeichneten) Störungen werden nicht in der Kindheit beschrieben. Zu diesen zählen die Schizophrenie (Dementia präcox) als klassische Erkrankung der Pubertätsjahre, und die Paranoia bzw. die manisch-depressiven Störungen (Melancholie-Manie), die erst in den Jahren der Reife manifest werden. Diese chronologische Auflistung impliziert, dass die Regression in der jeweiligen Erkrankung umso weiter zurück reicht, je später die Neurose bzw. Psychose in der Entwicklung des Individuums auftritt.

Basierend auf der Zuordnung von psychischer Störung und psychosexuellem Stadium in der Ontogenese, suspiziert Freud auch eine Korrelation zwischen phylogenetischen Stadien der menschlichen Entwicklung und den einzelnen neurotischen Erkrankungen. Phänomene der Angsthysterie oder Zwangsneurose repräsentieren nach diesen Anschauungen mentale Zustände, die etwa in der Eiszeit allen Menschen zueigen waren, während sie in der Gegenwart nur mehr Charakteristika von neurotischen Störungen sind.

Auf die Ähnlichkeiten des Seelenlebens von Kindern, Primitivvölkern und Neurotikern geht Freud in *Totem und Tabu* näher ein (Freud, 1913). Die Denkweise von Kindern, die durch die sogenannte „Allmacht der Gedanken" charakterisiert ist, zeigt etwa auffallende Parallelen mit dem sogenannten Animismus primitiver Stämme. Beide Denkformen zeichnen sich durch die Vorstellung aus, dass Gedanken befähigt sind die Umwelt zu verändern. Gleichzeitig werden auch unbeseelte Objekte der Außenwelt oder Tiere personifiziert. Es zeigt sich ferner, dass das pathologische Verhalten von Neurotikern durchwegs den Verhaltensnormen von Primitivvölkern

entspricht. Am Beispiel des Inzesttabus wird deutlich, dass das heranwachsende Kind sich, im Zuge der normalen Reifung, von den ursprünglich inzestuösen Liebesobjekten loslösen muss. Bei der neurotischen Entwicklung misslingt diese Ablösung, wodurch ein psychischer Infantilismus resultiert und eine unbewusste inzestuöse Bindung an die Liebesobjekte der Kindheit persistiert. Eine Parallele zum Verhalten von Primitivvölkern ergibt sich insofern, als diese ebenfalls an ihren inzestuösen Wünschen festhalten. Zum Schutz vor diesen starken Wünschen errichten diese Völker allerdings Tabus, um den realen Inzest unmöglich zu machen. Was beim Neurotiker in unbewusster Form weiterbesteht und letztlich damit verhaltensbestimmend ist, wird von Primitivvölkern als reale Bedrohung erlebt, der man mit strengsten Maßnahmen entgegentreten muss. Beide Fälle können, so gesehen, als eine Art mentaler Atavismus betrachtet werden.

Für den Fall der Existenz eines mentalen Atavismus in der Ontogenese, wäre auch für eine der wichtigsten Phasen der psychosexuellen Entwicklung, dem Ödipuskomplex (die Konfliktsituation des Kindes mit dem gleichgeschlechtlichen Elternteil, aufgrund seiner inzestuösen Wünsche gegenüber dem gegengeschlechtlichen Elternteil), ein entsprechendes Korrelat in der Phylogenese des Menschen zu fordern. Die Phänomene des Tabus und des Totemismus, also Verhaltensweisen, die bei Primitivvölkern angetroffen werden – und somit auch im Verhaltensrepertoire der menschlichen Vorfahren angenommen werden können – bilden für Freud in dieser Hinsicht den Ausgangspunkt für ein Erklärungsmodell. Ausgehend von ethologischen Beobachtungen betreffend die hierarchische Sozialstruktur von Primaten, könnte das Zusammenleben der menschlichen Vorfahren in Form einer patriarchalen Horde vorgestellt werden. Dieser Horde wäre, analog zu den Primaten, ein dominierendes männliches Individuum vorgestanden, dem auch das sexuelle Vorrecht über die weiblichen Mitglieder der Horde zustand. Nach Freud, hätten sich die verbannten Söhne des Hordenvaters in der Folge zusammengeschlossen, und den Vater getötet und aufgefressen. Der Vatermord hätte schließlich bei den Söhnen derartige Schuldgefühle induziert, dass sie den sexuellen Kontakt mit den weiblichen Mitgliedern des Clans vermieden, und den toten Vater mit einem Tier identifizierten (dem Totem), dem daraufhin Opfer entgegengebracht wurden, und dem keine Gewalt angetan werden durfte. Wenn das Totemtier tatsächlich dem Vater entspräche, so würden die beiden resultierenden Gebote (Tabus), nämlich das Totemtier nicht zu töten und den inzestuösen Kontakt mit weiblichen Mitgliedern der Horde zu vermeiden, inhaltlich exakt mit der Sage von Ödipus übereinstimmen, in welcher der Sohn den Vater tötete und seine Mutter heiratete. Derselbe Konflikt aus der Phylogenese der Menschheit wiederholt sich in dieser Weise auch in der Ontogenese, in Form des Ödipuskomplexes (Freud, 1913a). Auch in diesen Ausführungen ist die Vorstellung enthalten, dass im Seelenleben der Kinder und Neurotiker mentale Konflikte rekapituliert werden, die einst einem realen Konflikt entsprachen.

Die Wiederholung der Phylogenese in der Ontogenese kann im Prinzip auf sämtliche kognitiven Fähigkeiten und Entwicklungen des Menschen ausgeweitet werden. Demnach könnte die gesamte kulturelle Entwicklung der Menschheit auch in der Reifung des Individuums nachvollzogen werden. So gesehen, widerspiegelt sich die Entstehung von Kulturen, die aus Sicht der Psychoanalyse erst durch Triebverzicht möglich werden, in der Reifung des Individuums. Dieses wird ebenfalls erst durch die Bändigung sexueller und aggressiver Triebe den gesellschaftlichen Ansprüchen gerecht (Freud, 1930).

Die Annahme einer Rekapitulation archaischer mentaler und verhaltensbezogener Phänomene in der Ontogenese korreliert nicht nur – zumindest im Prinzip – mit der Theorie Haeckels (der die Rekapitulation allerdings nur auf morphologische Merkmale bezog), sondern schließt auch eine Vererbung erworbener Eigenschaften ein. Diese von Lamarck geprägte Auffassung, die nach Aufkommen von Darwins Evolutionstheorie als überholt galt, gewann erst in den letzten Jahren durch die neue Wissenschaftsdisziplin der Epigenetik wieder an Bedeutung. Epigenetik befasst sich mit vererbbaren Veränderungen des Phänotyps durch Mechanismen, die nicht auf einer Änderung der DNA beruhen. Epigenetische Veränderungen wurden auch unter dem Einfluss von Umweltfaktoren beobachtet, sodass vermutet wird, dass dieser Mechanismus möglicherweise bei der kurzzeitigen Adaptation einer Spezies an veränderte Umweltbedingungen beteiligt ist (Bird, 2007). Dies unterstützt die Theorie Lamarcks, dass auch eine Transmission von erworbenen Eigenschaften zwischen den Generationen stattfinden kann. Da mittlerweile epigenetische Veränderungen in Tiermodellen selbst im Hinblick auf Angst, Depression und Sucht nachgewiesen wurden (Jakobsson, 2008), erscheinen auch Freuds Neo-Lamarckistische Theorien in einem neuen Licht.

5. Die Mikrogenese – Eine hierarchische Theorie mentaler Funktion

5.1 Die Theorie der Mikrogenese

Die Theorien über menschliches Erleben und Verhalten sind zumeist auf einige wenige funktionelle Grundprinzipien zurückzuführen. Während der Behaviorismus mentale und verhaltensbezogene Phänomene unter dem Gesichtspunkt eines Reiz-Reaktionsschemas betrachtet, wird das Individuum durch den sogenannten Kognitivismus (cognitive science) vor allem als informationsverarbeitendes Wesen angesehen. Im Gegensatz zum Behaviorismus, der die Vorgänge, die zwischen Stimulation und Reaktion ablaufen nur als Prozess innerhalb einer „black box" definiert, macht der Kognitivismus auch innerseelische Vorgänge (also Denken, Fühlen oder Motivationen) zu seinem Forschungsgegenstand. Die in diesem Zusammenhang vermuteten kognitiven Prozesse sind als „Informationsverarbeitung" konzipiert. Analog zum Reiz-Reaktionsschema des Behaviorismus, erfolgt im kognitivistischen Modell ein „input", der nach der Verarbeitung zu einem „output" führt. Als Grundlage für die kognitiven Leistungen werden neuronale Netze angenommen.

Der gegenwärtigen kognitiven Neurowissenschaft, der kognitivistische Konzepte inhärent sind, wird der Vorwurf gemacht, die evolutionäre Sicht mentaler und verhaltensbezogener Phänomene außer Acht zu lassen. Die Begriffe des Kognitivismus, die teils der Informationstechnologie entlehnt sind, implizieren ein Gehirnmodell, das aus einzelnen Modulen besteht, ähnlich den Prinzipien eines Computers. Die Funktion eines Computers ist allerdings unabhängig von der Reihenfolge des Zusammenbaus der Einzelteile, solange alle Module, die zur Funktionstüchtigkeit benötigt werden, vorhanden sind. Aus kognitivistischer Sicht ist dieses Prinzip auch auf die Gehirnfunktion anwendbar, d. h. es wird der Tatsache, dass es sich hier um ein evolutionär entwickeltes biologisches System handelt, keine Bedeutung beigemessen.

Die sogenannte mikrogenetische Theorie bezieht, im Gegensatz zum Kognitivismus, evolutionäre Aspekte in ihr Konzept der Gehirnfunktion mit ein. Der Begriff der Mikrogenese geht ursprünglich auf den gestaltpsychologischen Terminus der „Aktualgenese" zurück (Sander, 1928). Die Aktualgenese beschreibt das aktuelle Entstehen einer Gestalt, bzw. den Verlauf der Gestaltwerdung. Mit einer Reihe von experimentellen Ansätzen wurde von der Leipziger Schule der Gestaltpsychologie versucht, die gesetzmäßigen und qualitativ unterschiedlichen Stadien der Aktualgenese verschiedener mentaler Modalitäten zu untersuchen. Nach den Gesetzen der Aktualgenese erscheint eine wahrgenommene Gestalt nicht unmittelbar, vielmehr durchläuft der Wahrnehmungsprozess erst mehrere Stadien. Am Beginn dieses Prozesses steht die Wahrnehmung eines sogenannten „Gestaltgerüstes", gefolgt von einer „Vorgestalt". Erst am Ende kommt es zur eigentlichen und konstanten Perzeption einer „stabilen" Gestalt (Sander, 1930). Die Mikrogenese wurde von dem Psychologen Heinz Werner als eigenes theoretisches Konzept eingeführt (Werner, 1940). Werners vorrangiges wissenschaftliches Interesse lag in der experimentellen Erforschung der Annahme, dass Entwicklung einen Prozess darstellt, der seinen Ausgang von undifferenzierten Strukturen nimmt und zur Ausbildung hierarchischer Strukturen führt. Mit diesem Konzept ist auch eines der wichtigsten Prinzipien der mikrogenetischen Theorie verknüpft, nämlich die Annahme, dass der Entfaltungsprozess jedes mentalen Ereignisses, von der Wahrnehmung bis zum Denken, die einzelnen Stadien der Gehirnevolution und der Ontogenese durchläuft. Die mikrogenetische Theorie versteht demnach jede Form menschlicher Aktivität, sei es Wahrnehmung, Denken, Handeln etc., als „Entfaltungsprozess." Dieser basiert auf Abfolgen von Entwicklungsschritten (Werner, 1956). Der Entfaltungsprozess kommt somit einer augenblicklichen evolutionären Entwicklung gleich, die innerhalb von Bruchteilen einer Sekunde stattfindet. Das Bewusstwerden mentaler Ereignisse repräsentiert den Endpunkt mehrerer vor-bewusster Stadien, die den Kognitionsprozess bilden (Hanlon, 1990). Entgegen den Konzepten der kognitiven Neurowissenschaft, die mentale Prozesse als Resultat des Zusammenspiels von mehreren kortikalen

modularen Einheiten ansehen, sind mentale Zusände nach der mikrogenetischen Theorie das Ergebnis eines Prozesses, der evolutionär vorgegebenen hierarchischen Strukturen folgt, d.h. vertikal gerichtet ist (Abb. 57). Dies impliziert, dass der mikrogenetische Prozess immer von der Tiefe zur Oberfläche abläuft und nicht in entgegengesetzter Richtung stattfinden kann.

Von einigen Autoren werden sogenannte „Ereigniskorrelierte Potentiale" (ERP) – also elektrische Aktivität, die an der Hirnoberfläche im Rahmen von kognitiven Prozessen abgeleitet werden kann – als neurales Substrat der Mikrogenese angesehen (Abb. 58).

Ein mentales Ereignis ist der mikrogenetischen Theorie zufolge jedoch nicht als ein an der Oberfläche erscheinendes Endergebnis anzusehen, sondern es repräsentiert die gesamte Abfolge verschiedener Entfaltungsstufen. Aufgrund der Tatsache, dass im mikrogenetischen Prozess die Evolution bzw. Phylogenese rekapituliert wird, ergeben sich Parallelen zur psychoanalytischen Theorie, die allerdings davon ausgeht, dass die phylogenetische Rekapitulation im Individuum, im Rahmen seiner psychi-

LEVELS IN THE MIND/BRAIN STATE

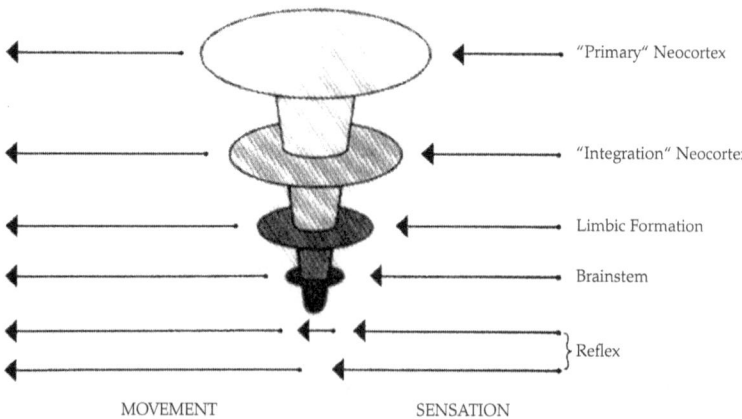

Abb. 57. Mikrogenetisches Schema verschiedener Ebenen neuromentaler Zustände (Brown, 1998). Copyright: Wiley Blackwell.

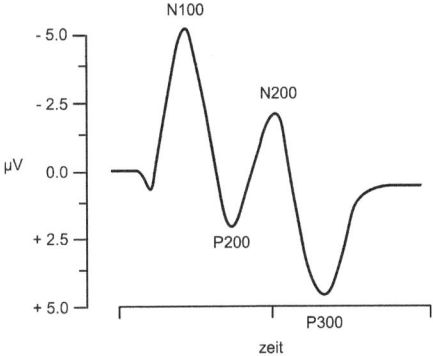

Abb. 58. Ereigniskorreliertes Potential (ERP) mit Darstellung der einzelnen Komponenten (N100 – P300).

schen bzw. ontogenetischen Entwicklung und nicht während eines mentalen Ereignisses innerhalb von Millisekunden stattfindet. Eine weitere Ähnlichkeit mit der psychoanalytischen Theorie zeigt sich in der sogenannten Regressionshypothese der Mikrogenese. Diese Hypothese besagt, dass jede Störung im mikrogenetischen Prozess mit einer Freilegung kognitiver Vorstufen verbunden ist. Im Unterschied zur Psychoanalyse, die Regression als pathologische Rückkehr bzw. Fixierung an einer frühere ontogenetische Entwicklungsstufe versteht, führt eine Störung der Mikrogenese zu einer mikrostrukturellen Regression. Dies bedeutet, dass Symptome einer mikrogenetischen Störung bestimmte Ebenen innerhalb des Kognitionsprozesses repräsentieren, und nicht Stufen der kognitiven Entwicklung eines Individuums darstellen (Werner, 1940a). Otto Pötzl gelang in experimentellen Untersuchungen, lange vor Einführung der Begriffe der Aktualgenese bzw. der Mikrogenese, der Nachweis einer Verbindung zwischen Wahrnehmungsprozessen und unbewusster Informationsverarbeitung (Pötzl, 1917). Mittels tachistoskopisch (d.h einer Präsentation von Bildern unterhalb der Wahrnehmungsschwelle) generierten Stimulationsbildern konnte Pötzl zeigen, dass

Bildelemente, die bewusst nicht wahrgenommen werden konnten und deshalb im Unbewussten verblieben, in der Folge zum Teil in modifizierter Form in Traumbildern wiederkehrten. Diese Ergebnisse können als experimentelle Bestätigung der von Freud postulierten Bedeutung von „Tagesresten" für das Traumgeschehen angesehen werden. Ähnliche Phänomene konnte Pötzl auch bei Patienten mit Störungen des Wahrnehmungsvermögens (Agnosien) induzieren. Derartige Patienten beschrieben ein zuvor unbemerktes Bilddetail in einer nachfolgenden Bildbeschreibung, d.h auch in dieser Situation blieb ein initial unbemerktes (unbewusstes) Objekt im Unbewussten erhalten und kehrte in einem neuen Kontext wieder. Pötzls Untersuchungen geben nicht nur einen experimentellen Einblick in den Entstehungsprozess der Objektwahrnehmung, sondern bestätigen auch die Zusammenhänge zwischen unbewusster Informationsverarbeitung und frühen Stufen der Objektwahrnehmung.

Neben der Psychoanalyse weist auch die neurologische Doktrin von Hughlings Jackson Verbindungen zur mikrogenetischen Theorie auf. Das von Jackson postulierte neurologische Prinzip basiert auf einer hierarchischen Organisation des Nervensystems, wonach tiefere Strukturen durch automatische Abläufe, und oberflächliche bzw. komplexere Strukturen durch willkürliche Funktionsprinzipien bestimmt sind. Dadurch wird eine Funktion im Laufe der evolutionären Entwicklung nicht auf eine neuere Struktur übertragen, sondern sie ist in der neuen Struktur auf eine andere Art repräsentiert. Jackson sprach in dieser Hinsicht von einer „Re-Repräsentation" (Jackson, 1931). Die Theorie geht ferner davon aus, dass die übergeordneten Strukturen die untergeordneten kontrollieren bzw. hemmen. Ein Wegfall der höheren Zentren wäre folglich mit einer Enthemmung und Manifestation der unteren Systeme verbunden. Aus Sicht der

Mikrogenese werden frühe Phasen eines kognitiven Prozesses in spätere Phasen übernommen. Dieses Modell ist somit weniger durch eine Kontrolle der tieferen Elemente durch die Oberfläche charakterisiert, sondern der mikrogenetische Prozess verläuft von der Tiefe zur Oberfläche. Archaische Formen der Kognition werden dadurch nicht als Enthemmungsphänomene, sondern als frühe Erscheinung eines sich entwickelnden Vorganges gesehen. Störungen der Mikrogenese, in Form von neurologischen oder psychiatrischen Symptomen, könnten in dieser Hinsicht als Elemente eines unterbrochenen Vorganges verstanden werden, die vorzeitig an die „Oberfläche" gelangt sind. Die hierarchischen Theorien von Jackson und Freud sind – aus den oben genannten Gründen – folglich nach einem „top-down" Prinzip konzipiert, während der Prozess der Mikrogenese zwar auch hierarchisch organisierten Strukturen folgt, dies jedoch nach dem „bottom-up" Prinzip.

Durch die Beobachtung der Symptomatologie neurologischer Patienten gelang dem Neurologen Jason W. Brown eine entscheidende Weiterentwicklung der von Werner begründeten Theorie der Mikrogenese (Brown, 1988). Ein bedeutendes Element der mikrogenetischen Theorie ist die Konzeption von Defiziten und Symptomen. Während die neurologischen Symptome eines Patienten üblicherweise als Defizite, also als „Fehlen" bestimmter Fähigkeiten angesehen werden, fokussiert die Mikrogenese auf die fehlerhafte Funktion. Das bedeutet, dass in der Neurologie darauf geachtet wird, was ein Patient aufgrund seiner Störung nicht mehr kann, während es aus mikrogenetischer Sicht bedeutsam ist, welche Fehler er aufgrund seiner Störung macht. Diese Anschauungen weisen klare Bezugspunkte zu Jacksons Theorie neurologischer Symptome auf, die sich aus seiner Sicht immer aus negativen und positiven Elementen zusammensetzen. Der Fehler bzw. das positive

Element eines Symptoms wird so gesehen zur Momentaufnahme eines Prozesses, der sich vorzeitig, und damit in unvollständiger Form manifestiert (Brown, 1988). Ein Fehler ist dadurch implizit als Erscheinung eines normalen, aber unterbrochenen Prozesses zu verstehen. Eine Störung oder Läsion an einer bestimmten Stelle des Gehirns bedingt, dass der mikrogenetische Prozess bis zum Läsionsort zwar normal abläuft, der Entfaltungsprozess ab dieser Stelle jedoch nicht fortschreiten kann. Das Erscheinungsbild des Symptoms korreliert deshalb mit der Höhe der Läsion. Analog zu den pathologischen Phänomenen der Aphasien, könnten „physiologische" Störungen der Sprache – etwa das Versprechen im Sinne einer Freudschen Fehlleistung, oder das Sprechen im Traum – als Manifestationen eines passageren „Rückfalls" auf tiefere Funktionsebenen des Sprachprozesses vorgestellt werden (Brown, 1988).

Es existieren mehrere Modelle hinsichtlich des Pathomechanismus der Symptombildung. Neben dem bereits erwähnten Konzept der Unterbrechung des mikrogenetischen Prozesses durch eine Läsion – hier wäre das Symptom eine vorzeitige Manifestation eines unvollständigen Prozesses – wäre es nach Brown auch vorstellbar, das Prinzip der Heterochronie für die Symptomentstehung heranzuziehen. Der Begriff der Heterochronie bezieht sich auf unterschiedliche zeitliche Abläufe von Prozessen, die denselben Entwicklungsabläufen unterworfen sind. Der Mechanismus ist vergleichbar mit einem anlagebedingten organischen Entwicklungsdefekt in der Kindheit, der trotz seiner morphologischen Deformation, dieselben Reifungsprozesse wie die gesunden Anteile durchläuft. Versucht man dieses Konzept auf eine Hirnläsion und den mikrogenetischen Prozess anzuwenden, ergibt sich ein Bild, das an ein Strömungshindernis in einem Fluss erinnert (Abb. 59). Die Strömung wird durch das Hindernis zwar verzögert, jedoch nicht vollends blockiert (Brown, 1988).

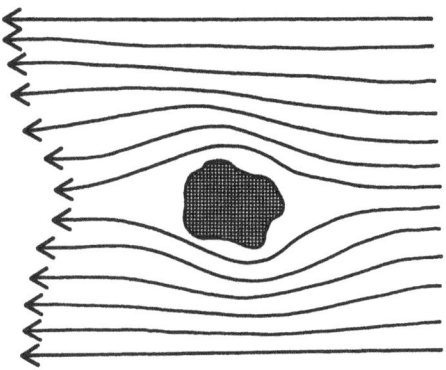

Abb. 59. Ein Strombahnhindernis als Beispiel für eine Hirnläsion, die den kognitiven Fluss zwar verlangsamt, aber nicht vollends unterbricht (Brown, 1988) Copyright: Taylor & Francis Group.

Unter dem Gesichtspunkt der Heterochronie, weist ein Symptom auf jene Hirnregion, an der es durch die Läsion zu einer Verzögerung der „kognitiven Strömung" kommt. Das Bild einer „kognitiven Strömung" erinnert an neurowissenschaftliche Konzepte, die Feldtheorien als Grundlage mentaler Phänomene heranziehen. Die Vorstellungen von Strömungen oder Feldern stehen im Gegensatz zu den kognitivistischen Konzepten von Modulen, die durch Bahnen verbunden sind. Ein Pathomechanismus der Symptombildung, der auf dem Prinzip der „Verzögerung" und nicht der „Unterbrechung" des mikrogenetischen Prozesses beruht, würde auch bedeuten, dass eine Funktionsstörung nie komplett wäre.

5.2 Mikrogenese und mentale Funktion

5.2.1 Sprache

Die Analyse der Sprachstörungen, insbesondere der Aphasien, bildete die Grundlage für die Weiterentwicklung der mikrogenetischen Theorie nach Heinz Werner. Die gegenwärtigen Konzepte der Aphasiologie sind nach wie vor von den lokalisato-rischen Prinzipien der Neurologie des vorigen Jahrhunderts geprägt. Nach diesen Theorien wird die Fähigkeit zur Sprache durch das Zusammenspiel einzelner kortikaler Funktionssysteme (Module) gewährleistet. Die Module umfassen ein „motorisches" Zentrum (Broca Areal), das im anterioren Frontallappen lokalisiert ist, sowie ein „sensorisches" Areal (Wernicke Areal), das im posterioren und superioren Teil des Temporallappens liegt. Sprache ist nach diesen Vorstellungen als ein Prozess konzipiert, der ausschließlich innerhalb bzw. im Zusammenspiel zwischen diesen kortikalen Modulen stattfindet.

Einige Argumente sprechen gegen ein derartiges lokalisatorisches Funktionsprinzip der Sprache. Einerseits wird das modulare Konzept der Aphasien mit ihrer ätiologischen Einteilung in motorische, sensorische und Leitungsaphasie den vielfältigen klinischen Erscheinungsbildern der Aphasie nicht gerecht, andererseits werden zeitliche und dynamische Komponenten des Symptoms der Aphasie außer Acht gelassen.

Diese Unzulänglichkeiten der gegenwärtigen Aphasiekonzepte veranlassten Brown, die Symptome der Sprachstörungen unter dem Aspekt einer Prozesstheorie, der Mikrogenese, zu beleuchten (Brown, 1972). Es ist in diesem Zusammenhang interessant zu bemerken, dass sich auch Freud bereits in seiner Aphasiestudie gegen die lokalisatorischen Theorien und für ein dynamisches Konzept der Aphasien aussprach (Freud, 1891). Ein dynamischer Gesichtspunkt bildete auch die Grundlage für die Entwicklung der Psychoanalyse (Solms, 1986).

Die Möglichkeit, Sprache als Entfaltungsprozess und Aphasie als Störung dieses Prozesses zu verstehen steht im Widerspruch zu gängigen Vorstellungen, die von vorgegebenen modularen Strukturen und Funktionen umschriebener Sprachzentren ausgehen. Die Beobachtung der Veränderbarkeit von Aphasiesymptomen im Zuge des Entwicklungsprozesses von Kindern liefern überzeugende Argumente für einen zugrundeliegenden dynamischen Prozess (Brown, 1978). Es konnte nachgewiesen werden, dass Läsionen im Wernicke Sprachzentrum in unterschiedlichen Lebensaltern mit unterschiedlichen Aphasieformen verbunden sind. Dieses Phänomen gewährt nicht nur Einblicke in phylogenetische und ontogenetische Aspekte der Lateralisation von Hirnfunktionen, sondern bietet auch erste Ansätze zu einer mikrogenetischen Theorie der Sprache und der Aphasien (Brown, 1975).

Zum Verständnis der mikrogenetischen Theorie von Sprache und ihren Störungen bedarf es der Berücksichtigung der evolutionären Entwicklung der Vorderhirns. Das neurale Substrat der Sprache entspricht aus mikrogenetischer Sicht einem hierarchisches System, dessen Oberfläche aus einer anterioren und einer posterioren Komponente besteht. Ein weiterer Faktor, der im mikrogenetischen Prozess bedeutsam ist, ist die im Zuge der Ontogenese stattfindende Lateralisation der Sprachfunktion. Anteriore und posteriore Komponenten entwickeln sich parallel und wirken so komplementär im sich entfaltenden Sprachakt (Brown, 1979). Entsprechend dem Prinzip der Mikrogenese ist der Sprachprozess als ein Vorgang vorzustellen, der sich hierarchisch über verschiedene anatomische Strata bzw. Ebenen entwickelt. Störungen in diesem Ablauf geben Einblick in die mikrogenetische Natur der Sprache. Symptome der Aphasie repräsentieren eine vorzeitige Unterbrechung der Mikrogenese, sind also Vorstufen des physiologischen Sprachprozesses. Eine derartige Unterbrechung kann anteriore, posteriore, oder beide Komponenten betreffen. Die Charakteristika der Symptome weisen auf die spezifische Ebene, in der die Störung stattfindet.

Das anteriore Areal der Sprache ist aufgrund seiner spezifischen ausführenden Funktion mit Aspekten der Handlung bzw. Aktion in Verbindung zu bringen. Die Mikrogenese der motorischen Sprachkomponente verläuft entsprechend dem mikrogenetischen Prozess von der Tiefe zur Oberfläche über verschiedene hierarchisch-evolutionäre Stufen des Vorderhirns. Ausgehend von basalen Hirnstammregionen nimmt der mikrogenetische Prozess seinen weiteren Verlauf über den oberen Hirnstamm und die Basalganglien. In diesen Regionen werden sogenannte Vorprogramme für Aktionen generiert, die Aspekte der Vokalisation, sowie der Körper- und Gliedmaßenmotorik umfassen. Der Prozess gelangt weiter zu mesialen Anteilen des limbischen Cortex, womit eine zunehmende Aufsplitterung der genannten motorischen Funktionen verbunden ist. Eine Läsion auf dieser Stufe führt zu Störungen der Initiation von Vokalisationen oder Extremitätenbewegungen, zur sogenannten transkortikalen motorischen Aphasie, oder zum „alien hand" Syndrom. Dieses ist dadurch charakterisiert, dass eine Hand motorische Handlungen ausführt, die keiner willkürlichen Kontrolle unterstehen. Zusätzlich können derartige Läsionen zum Auftreten von vokalen und motorischen Automatismen führen (Brown, 1978). Der weitere Verlauf der Mikrogenese einer Sprachäußerung führt zum präzentralen und prämotorischen Cortex (dem Broca Areal) der dominanten Hemisphäre. In diesen Arealen erfolgt die Strukturierung zeitlicher Abläufe von Vokalisation und Artikulation. Dementsprechend führen Störungen auf dieser Ebene zu phonetischen und artikulatorischen Defiziten. Der mikrogenetische Prozess der Sprache durchläuft somit die gesamte evolutionäre Hierarchie der Hirnrinde, vom limbischen Cortex bis zum fokalen Neocortex. Dieser Vorgang gilt sowohl für die anterioren, als auch die posterioren Strukturen der Sprachfunktion (Abb. 60).

Die posteriore Komponente der Sprachfunktion baut analog zur anterioren Komponente ebenfalls auf einer hierarchischen

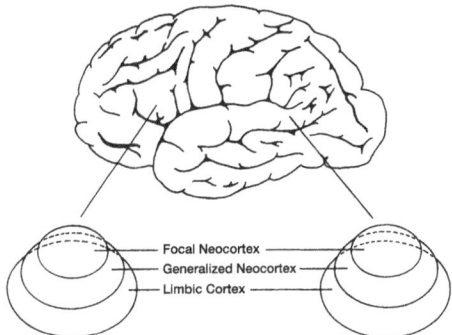

Abb. 60. Hierarchische Organisation der anterioren und posterioren Strukturen für die Sprachfunktion. (Brown, 1988) Copyright: Taylor & Francis Group.

Struktur auf. Das posteriore Sprachareal repräsentiert allerdings kein motorisches, sondern ein perzeptives System. Die perzeptive Komponente der Sprachfunktion entsteht nach der mikrogenetischen Theorie im oberen Hirnstammbereich, um danach im limbischen Cortex zusätzlich konzeptuellen und affektiven Gehalt zu erlangen. Auf dieser Stufe des mikrogenetischen Prozesses ist noch nicht festgelegt, ob die perzeptive Funktion für die Sprachproduktion oder die Sprachwahrnehmung verwendet wird. Eine Läsion auf dieser Ebene führt zu ungewöhnlichen Wortverwechslungen – die an schizophrene Neologismen erinnern – und zu Konfabulationen (Brown, 1979). Im weiteren Verlauf des Prozesses erfolgt eine zunehmende Filterung über mehrere semantische Ebenen. Ein wahrgenommenes Wort wird allerdings nicht wie aus einem Speicher extrahiert, sondern erhält seine Bedeutung durch Berücksichtigung aller Komponenten, die Teil seiner Mikrogenese sind. Die Wahrnehmung der Sprache mit all ihren affektiven, assoziativen, und symbolischen Komponenten erfolgt schließlich im posterioren Areal der dominanten Hemisphäre. Läsionen auf dieser Ebene führen zu Symptomen der Wortverwechslung und zu

Wortfindungsstörungen (Brown, 1988). Die Anwendung der mikrogenetischen Theorie auf die Sprachfunktion und ihre Störungen ermöglicht Erklärungsmodelle für Aphasiesymptome, die durch herkömmliche linguistische und neurologische Konzepte nicht gewährleistet werden. Die Vorstellungen über die Mikrogenese der Sprache stellen nicht nur theoretische Konstrukte dar, sondern basieren auf vielzähligen klinischen Beobachtungen der Erscheinungsformen von Aphasien (Perecman, 1985; Brown, 1979a; Brown, 1980, Brown, 1988).

5.2.2 Handlung

Eine Handlung bzw. Aktion ist, nach der mikrogenetischen Theorie, ebenfalls als Entfaltungsprozess vorzustellen. Dem hierarchisch-evolutionären Prinzip der Mikrogenese folgend, sind phylogenetisch ältere Strukturen der Motorik für frühe Stufen des Entfaltungsprozesses zuständig. Demnach entwickelt sich der mikrogenetische Prozess einer Handlung aus Regionen des Hirnstamms und der Basalganglien. Auf dieser frühen Stufe, in der bereits Verbindungen zu perzeptiven Komponenten und zum respiratorischen System bestehen, erfolgt vor allem die Kontrolle und Organisation von Körperhaltung und Bewegung. Bei niederen Tieren, etwa Fischen oder Reptilien, deren motorische Erscheinungen sich auf die Rumpfkontrolle und einige elementare Bewegungsmuster beschränken, repräsentiert diese Ebene bereits das Ende des mikrogenetischen Handlungsprozesses (Brown, 1988). Bei höheren Tieren verläuft der Prozess weiter über mesiale paralimbische bzw. frontale Areale. Auf dieser Ebene erfolgt bereits die motorische Kontrolle proximaler Extremitätenanteile und die Organisation instinkthafter Handlungen, etwa der Fluchtreflexe. Der Entfaltungsprozess erfährt in den prä-motorischen Cortexarealen eine weitere Differenzierung, wodurch die Kontrolle der dis-

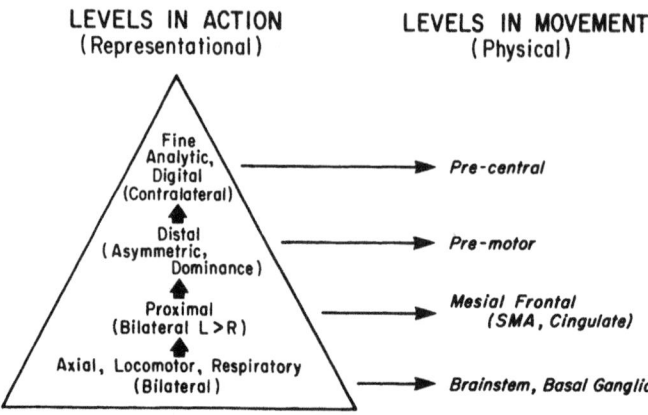

Abb. 61. Mikrogenetische Ebenen des Handlungsprozesses. (Brown, 1988) Copyright: Taylor & Francis Group.

talen Extremitätenabschnitte gewährleistet wird, und endet in der Präzentralregion des Neocortex (Abb. 61).

Der Entfaltungsprozess durchläuft somit die gesamte evolutionäre Entwicklung des Motorsystems, von der einfachen Rumpfkontrolle über die Extremitätenmotorik bis zur Feinmotilität der Finger. Diesem Prozess ist jedoch nicht nur die Entwicklung vom Einfachen zum Komplexen inhärent, sondern er widerspiegelt auch die Dynamik der Organisation von motorischer Kontrolle. In dieser Hinsicht erfolgt auf unterster Stufe eine bilaterale Kontrolle von Handlungen, gefolgt von einer Ebene, die durch Ausbildung einer Dominanz und einer passageren asymmetrischen Kontrolle gekennzeichnet ist. Schließlich erfolgt auf höchster Ebene eine neuerliche Reorganisation mit nunmehr kontralateraler Handlungskontrolle durch den präzentralen Motorcortex. Einen eindrucksvollen Beweis für die unterschiedliche Organisation der Motorik auf den verschiedenen hierarchischen Ebenen liefern motorische Phänomene im Rahmen epileptischer Anfälle. Während die bereits von Jackson beschriebenen fokal-motorischen Anfälle ihren Ausgang vom kontralateralen Motorkortex nehmen, weisen die im Rahmen von Tem-

porallappenanfällen auftretenden motorischen Automatismen – etwa in Form von Nestelbewegungen – auf einen ipsilateralen Anfallsursprung (Chee, 1993). Dies würde in Korrelation zu der mikrogenetischen Theorie bedeuten, dass die motorische Kontrolle auf der Ebene des medialen Temporallapens noch bilateral, und auf kortikaler Ebene bereits nur mehr einseitig und kontralateral organisiert ist.

Ein interessantes Phänomen liefert Hinweise für einen möglichen Zusammenhang zwischen der Mikrogenese von Aktion und Sprache: Eine ausgeprägte Schädigung der linken Hemisphäre kann zu einer kompletten Aphasie und Lähmung der rechten Extremität führen. Derartige Patienten sind üblicherweise nicht fähig zu sprechen, bzw. unfähig mit rechter oder linker Hand zu schreiben. Nach Anfertigung einer speziellen Armprothese für den rechten Arm, mit deren Hilfe diese Patienten unter Verwendung der erhaltenen proximalen Motorik der Schulter eine grobe motorische Fähigkeit zum Schreiben wiedererlangten, konnte gezeigt werden, dass sie trotz kompletter Aphasie in der Lage waren, Wörter und selbst ganze Sätze fehlerlos zu schreiben (Brown, 1983). Diese Ergebnisse zeigen, dass erst ausgeprägte Aphasien und motorische Defizite Zugang zu untergeordneten Ebenen der Sprachorganisation ermöglichen. Die Vorstellung einer plötzlichen „Freisetzung" subkortikaler Organisationsformen der Sprache wird durch die Beobachtung unterstützt, dass sich diese Patienten ihrer „wiedererlangten" Fähigkeiten nicht bewusst sind. Ähnlich dem sensorischen Phänomen des blindsight – also der Fähigkeit zu impliziter visueller Wahrnehmung trotz Schädigung der gesamten Sehrinde – legen diese Erscheinungen die Vermutung nahe, dass Handlungen, ebenso wie Wahrnehmungen ihren Ausgang nicht im primären Neocortex nehmen, sondern sich in Form eines Entfaltungsprozesses über tiefere evolutionäre Stufen hinweg entwickeln.

Für Brown repräsentiert der mikrogenetische Entfaltungsprozess gleichzeitig auch eine andere Entwicklung, nämlich einen Wandel von einem inneren zu einem äußeren Kontext, also zu einem zielgerichteten Handeln, was eine Hinwendung zur äußeren Welt darstellt. Dies bedeutet, dass am Beginn eine bilaterale, „egozentrische" Kontrolle der Rumpfmotorik steht, die im Laufe der Entwicklung zu einer asymmetrischen und differenzierten Kontrolle und damit zur „Erfassung" der Aussenwelt führt. Die Mikrogenese der Handlung geht dadurch Hand in Hand mit der Mikrogenese der Objektbildung bzw. – wahrnehmung (Brown, 1988).

Als neurales Substrat der Mikrogenese von Handlungen werden oszillatorische Programme vermutet, die den mikrogenetischen Prozess initiieren und aufrechterhalten (Schepelmann, 1979). Störungen der Mikrogenese einer Handlung führen zu entsprechenden Symptomen, welche die Funktionsweise des Prozesses auf der Ebene der Läsion repräsentieren. Folglich führen Unterbrechungen am Beginn des Prozesses, also auf oberer Hirnstammebene, zum Koma oder zum sogenannten akinetischen Mutismus. Der akinetische Mutismus ist ein Zustandsbild, das durch fehlende Willkürhandlungen oder verminderten Handlungsantrieb gekennzeichnet ist, ohne Vorliegen einer definitiven Lähmung (Ackermann, 1995). Nach dem mikrogenetischen Konzept ist bei diesem Syndrom der Ursprungsort des Handlungsprozesses geschädigt. Als Konsequenz der Störung ist jedwede Initiation von Körperbewegungen, selbst auf instinktiver Ebene, unmöglich. Der Patient regrediert dadurch nicht nur in motorischer Hinsicht, sondern auch in perzeptiver Hinsicht auf eine prä-Objektstufe (Brown, 1987). Eine Störung des Prozesses weiter rostral, im Bereich der Basalganglien, führt zu spezifischen Defiziten der Rumpf- und Extremitätenmotorik und zu klinischen Erscheinungsbildern, wie etwa der Parkinson'schen Erkrankung. Die motorische Organisation auf dieser Ebene ist aus Sicht der Mikrogenese jedoch noch nicht auf die Erfassung eines äußeren Objektes ausgerichtet (Yakovlev, 1948). Die Dysfunktion auf dieser Stufe des Entfaltungsprozesses beschränkt sich nicht nur auf die Aktionsebene, sondern umfasst auch kognitive und affektive Komponenten. Die Verbindungen der Mikrogenese von Handlungen und Affekten widerspiegelt sich auch bei Läsionen im Bereich des mesialen Frontallappens. Klinisch kann es bei bilateralen Störungen in diesem Areal zu Symptomen kommen, die jenen des akinetischen Mutismus ähneln. Vor dem Motorcortex erreicht der mikrogenetische Prozess das supplementär-motorische Areal (SMA). Das funktionelle Korrelat dieser Region, die vor allem mit der Initiation von Bewegungen in Zusammenhang gebracht wird, ist das sogenannte Bereitschaftspotential (Kornhuber, 1965). Dieses elektrophysiologische Phänomen – eine im EEG ableitbare negative Potentialwelle – kann kurz vor einer motorischen Handlung über der SMA registriert werden. Nach der Theorie der Mikrogenese ist diese Region an der Vorbereitung von Handlungen beteiligt, noch bevor diese bewusst sind. Eine Läsion der SMA ist folglich mit Störungen in der

Frühphase der Handlungsinitiation verbunden. Da auf dieser mikrogenetischen Stufe der Motorik noch keine Differenzierung der Bewegungsmuster stattfindet, umfasst eine Störung der SMA nicht nur Elemente der Rumpf- und Extremitätenmotorik, sondern auch motorische Komponenten der Sprache. Klinisch lassen sich bei SMA-Läsionen folglich Störungen der Initiation sowohl von Bewegungen, als auch der Sprache nachweisen (Brown, 1977).

Beidseitige Schädigungen des Frontallappens führen zu einer komplexen neuropsychologischen Ausfallssymptomatik, die in ihrer Gesamtheit als „Frontalhirnsyndrom" bezeichnet wird. Das klinische Bild reicht von Symptomen der Hypo- oder Hyperaktivität, Störungen des Antriebs mit Apathie oder Impulsivität, Perseverationen, über Aufmerksamkeitsdefizite bis zu Paraphasien und Apraxien. Die Heterogenität der mit dem Frontalhinsyndrom assoziierten Symptome erschwert eine einheitliche neuropsychologische Erklärung des Erscheinungsbildes. Durch einen mikrogenetischen Zugang ist es möglich, die vielfältigen Defizite als Störung des Entfaltungsprozesses von Handlungen zu verstehen. Die unterschiedlichen Qualitäten der Symptome können letztlich durch die Unterbrechung des Handlungsprozesses auf verschiedenen evolutionären Ebenen verstanden werden. Eine Unterbrechung auf unterster Ebene im Bereich des Frontallappens manifestiert sich im Unvermögen, eine Handlung zu beginnen (Apathie, Mutismus) bzw. zwischen zwei Handlungsoptionen zu wechseln (Perseverationen). Störungen auf höherer Ebene des Prozesses führen zu Beeinträchtigungen einer Handlung nach deren Initiation in der Form, dass es zu Dysfunktionen in der Handlungsabfolge kommt. Diese Symptomatik kann von allgemeinen handlungsbezogenen Phänomenen, wie einer erhöhten Impulsivität oder Ablenkbarkeit, bis zu spezifischen Störungen des Handlungsablaufes (Apraxie) reichen. Eine Schädigung

am Ende des mikrogenetischen Prozesses führt schließlich zu Defiziten auf der letzten Stufe der Ausführung von Handlungen. Entsprechend finden sich dabei Störungen der motorischen Exekution in Form von Paresen im Bereich der Extremitäten, Artikulationsstörungen, sowie Einschränkungen motorischer Aspekte der Sprache (Brown, 1987).

5.2.3 Wahrnehmung und Gedächtnis

Gegenwärtige neurowissenschaftliche Konzepte gehen davon aus, dass Wahrnehmung einen Vorgang darstellt, der mit einer spezifischen Reizung am Sensororgan beginnt. Die Information wird in der Folge über spezifische Bahnen weitergeleitet, um letztendlich am entsprechenden sensorischen Cortex zur Perzeption des Objektes zu führen. Über Verbindungen zu anderen Strukturen und kortikalen Arealen erfolgt ein Vergleich der aktuellen Wahrnehmung mit vorangegengenen Erfahrungen. Auf diese Weise werden Repräsentanzen von bestimmten Objekten gebildet.

Im Gegensatz dazu, versteht die mikrogenetische Theorie die Bildung einer Objektrepräsentanz nicht als Vorgang, der durch das Zusammenfügen von sensorischen Informationen charakterisiert ist. Nach diesen Ansichten ist die Wahrnehmung auch kein Ereignis, das primär auf kortikaler Ebene stattfindet. Vielmehr wird Wahrnehmung aus Sicht der Mikrogenese als Entfaltungsprozess verstanden, in dem sich Repräsentanzen entlang evolutionärer Stufen der Gehirnentwicklung bilden. Der Prozess ist dadurch als Vorgang konzipiert, der parallel sensorische und mentale Ebenen durchläuft, entsprechend der hierarchischen Struktur des Vorderhirns (Brown, 1988). Die einzelnen Ebenen der Wahrnehmung korrelieren dabei implizit mit den Ebenen der Objektrepräsentanz. Die Endstufe des Wahrnehmungsprozesses setzt sich aus der Summe aller vorangegangenen Repräsentationsebenen zusammen. Korrelierend mit den Grundprinzipien der Mikrogenese, führt eine Unterbrechung des Entfaltungsprozesses auf bestimmten Ebenen zu spezifischen pathologischen Erscheinungen. Das resultierende Symptom einer Läsion entspricht – analog zu den Störungen der Sprache oder der Handlung – einem vorzeitig abgebrochenen Entfaltungsprozess. Jede Schädigung führt zu Symptomen, die entweder mit einem funktionellen Defizit einhergehen (etwa einem Visusverlust), oder zu abnormen sensorischen Erscheinungen Anlass geben (z. B. Halluzinationen). Die beschriebene Symptomatik kann sich also in Form von negativen (Defizite) oder positiven (abnorme Erscheinungen) Phänomenen manifestieren (Brown, 1983a).

Die Mikrogenese des Wahrnehmungsprozesses wurde vorwiegend für das visuelle System konzipiert; das Modell ist jedoch ebenso auf andere sensorische Systeme übertragbar (Abb. 62). Nach der mikrogenetischen Theorie beginnt die Objektwahrnehmung im Bereich des oberen Hirnstamms und des Tectums als zweidimensionale Repräsentanz der Körperoberfläche. Diese ponto-mesencephale Ebene der sensorischen Verarbeitung bildet die

Grundlage für alle Wahrnehmungsqualitäten und wird von einigen Autoren auch als neurales Substrat des traumlosen Schlafes angesehen. Die mentale Funktion des Träumens wird nach diesen Vorstellungen erst durch limbische Strukturen gewährleistet (Hernandez-Peon, 1966).

Auf der ponto-mesencephalen Ebene des Wahrnehmungsprozesses verhindert die vor allem körperbezogene sensorische Verarbeitung eine Erfassung externer Objekte, sodass die Repräsentanzen von Körper und externem Objekt auf dieser Stufe noch nicht differenziert sind, d. h. das Raumkonzept von Körper und Außenwelt fallen auf dieser Ebene noch zusammen. Die Unmöglichkeit, ein vom Körper unabhängiges externes Objekt zu erfassen, bedingt, dass Objekte nur als Ziele perzipiert werden können. Eine ausgeprägte Schädigung der ponto-mesencephalen Region kann zum Koma bzw. zum akinetischen Mutismus führen, zusätzlich können Störungen des Schlaf-Wach-Zyklus und Halluzinationen beobachtet werden (Brown, 1988a). Die mit oberen Hirnstammläsionen assoziierten Halluzinationen, die auch als „pedunkuläre Halluzinosen" bezeichnet werden, zählen zu den sogenannten hypnagogen Phänomenen. Die Erscheinungen

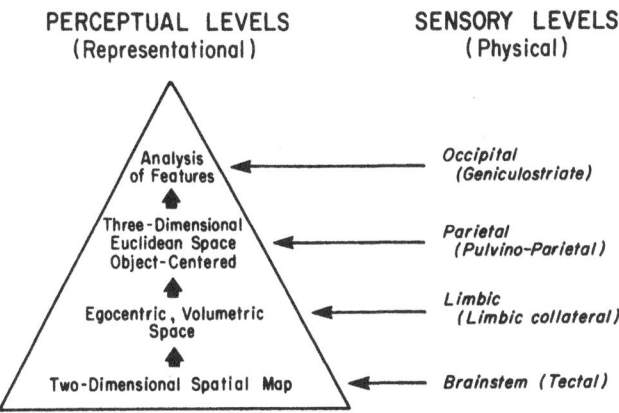

PERCEPTUAL LEVELS
(Representational)

SENSORY LEVELS
(Physical)

Analysis of Features — Occipital (Geniculostriate)

Three-Dimensional Euclidean Space Object-Centered — Parietal (Pulvino-Parietal)

Egocentric, Volumetric Space — Limbic (Limbic collateral)

Two-Dimensional Spatial Map — Brainstem (Tectal)

Abb. 62. Mikrogenetische Ebenen des Wahrnehmungsprozesses. (Brown, 1988) Copyright: Taylor & Francis Group.

sind vorwiegend visueller Natur, es sind jedoch auch auditive oder haptische Sensationen möglich. Der Begriff hypnagog bezieht sich auf die Eigenschaft, dass die Halluzinationen zumeist in der Übergangsphase zum Schlaf auftreten. Im Gegensatz zu anderen Formen von Halluzinationen, sind die hypnagogen Phänomene zumeist einfach strukturiert und mit keinen Affektänderungen assoziiert (Brown, 1985).

Eine weitere Transformation des mikrogenetischen Wahrnehmungsprozesses erfolgt im Limbischen System bzw. im Temporallappen. Auf dieser Ebene der Wahrnehmung findet eine Assoziation der sensorischen Information mit instinktiven, affektiven und mnestischen Komponenten statt, die der Objektrepräsentanz eine egozentrische Dimension verleiht. Bildhafte sensorische Informationen können auf dieser Stufe auch halluzinatorische Eigenschaften besitzen. Entsprechend ist auch diese mikrogenetische Ebene des Wahrnehmungsprozesses im normalen Traumgeschehen repräsentiert. In diesem Zusammenhang wäre es vorstellbar, dass sich die Abfolge von Traum und traumlosem Schlaf im Wechselspiel von Hirnstamm- und Temporallappenmechanismen widerspiegeln (Brown, 1988).

Läsionen im Temporallappen können mit perzeptuellen Ausfallssymptomen, in Form von Agnosien (Störungen des „Erkennens"), vergesellschaftet sein. Die Agnosien, die mit mesialen temporo-occipitalen Schädigungen einhergehen, zeigen als Hauptmerkmal mnestische Defizite und die damit verbundenen Probleme in der Erfassung der Bedeutung von Objekten. Letzteres ist mit einer Unfähigkeit verbunden, symbolische und kategorielle Verbindungen zu Objekten herzustellen. Die Symptomatik von Agnosien, die bei parietalen oder parieto-occipitalen Läsionen auftreten, ist dagegen als Störung der Objektidentifizierung bzw. -diskriminierung zu verstehen, und repräsentiert da-

durch ein räumliches Wahrnehmungsdefizit (Brown, 1983a).

Im Gegensatz zu den relativ einfachen Halluzinationen bei Läsionen im oberen Hirnstamm, sind die komplexen Halluzinationen des Temporallappens durch Verdichtung und symbolische Transformation gekennzeichnet, zusätzlich besitzen sie oftmals eine ausgeprägte affektive Tönung. Weitere Charakteristika der temporalen Halluzinationen sind deren Bezug zu den persönlichen Erfahrungen des Wahrnehmenden, sowie deren szenische Eigenschaften, d.h. es handelt sich nicht um starre Bilder bzw. Erscheinungen, sondern um komplexe zeitliche Abläufe von Erlebnisinhalten (Brown, 1985).

Die Erfassung eines Objektes als eigenständiges, externes Gebilde in einem dreidimensionalen Raum gelingt erst auf kortikaler Ebene im Bereich des Parietallappens. Auf dieser Stufe des mikrogenetischen Prozesses erfolgt auch die Transformation von einem egozentrischen Raumkonzept hin zu einem mehr objektbezogenen Kontext. Läsionen im Parietallappen führen folglich zu Symptomen, die mit einer Störung der räumlichen Wahrnehmung von Objekten einhergehen. Letzteres bedingt, dass Objekte hinsichtlich ihrer Größe, Orientierung, oder Position verändert wahrgenommen werden. In perzeptiver Hinsicht sind auf dieser kortikalen Ebene auch sogenannte illusionäre Verkennungen möglich, die sich als Veränderungen bzw. Verzerrungen der wahrgenommenen Objekte manifestieren. Ein verminderter sensorischer input am Cortex geht mit einer autonomen Funktionsweise der Struktur einher, die – im Gegensatz zum Temporallappen – jedoch nicht mit Halluzinationen, sondern mit Bildvorstellungen verbunden ist. Veränderungen, die auf Temporallappenebene also zu Halluzinationen und Traum-ähnlichen Bildern führen, manifestieren sich auf parietaler kortikaler Ebene als veränderte Erinnerungsbilder (Metamorphopsien). Die Störung auf kortikaler Ebene ist somit „objektorientierter" als die Dysfunktion auf der evolutionär tieferen limbischen Ebene.

Die Mikrogenese der Wahrnehmung endet im sensorischen Cortex (für das Sehen z.B im striatären Cortex), in dem der eigentliche Erkennungsprozess eines äußeren Objektes in seiner Gesamtheit stattfindet. Gleichzeitig entstehen hier auf mentaler Ebene Repräsentanzen von Objekten, die als eigenständige Entitäten der Außenwelt wahrgenommen werden. Physiologischerweise sind dieser Ebene des Wahrnehmungsprozesses verschiedene Phänomene zuordenbar. Dazu zählen im visuellen System etwa Erscheinungen, wie Nachbilder oder Phosphene (visuelle Reizsymptome nach kortikaler Stimulation). Auch eidetische Bilder sind kortikalen Mechanismen zuzuordnen. Ein eidetisches Bild ist als Erinnerungsspur einer soeben erfahrenen Wahrnehmung zu verstehen. Störungen auf dieser höchsten Stufe des Wahrnehmungsprozesses manifestieren sich, etwa im Falle einer Unterbrechung der visuellen Informtionen, in Form von elementaren Halluzinationen. Läsionen im striatären Cortex führen dagegen zu Visusverlusten (Gesichtsfelddefekten) oder zu spezifischen visuellen Ausfällen, in Form von

Farb- oder Formwahrnehmungsstörungen (Brown, 1988a). Der mikrogenetischen Theorie zufolge repräsentiert Wahrnehmung einen Entfaltungsprozess von sensorischer Information, der über verschiedene hierarchische Stufen der Gehirnevolution verläuft. Parallel zu diesem Vorgang entwickeln sich, auf unterschiedlichen phylogenetischen Ebenen des Gehirns, mentale Repräsentanzen von Objekten, die auf kortikaler Ebene zu einer differenzierten Erfassung der Außenwelt führen (Abb. 63).

Gedächtnis kann als mentale Leistung angesehen werden, die auf vorangegangenen Wahrnehmungen und Erfahrungen beruht. Dem breiten Spektrum von mnestischen Funktionen Rechnung tragend, werden Gedächtnisleistungen in den Modellen der Kognitionswissenschaft nach verschiedenen Kriterien unterteilt. Unter anderem wird etwa zwischen Langzeit- und Kurzzeitgedächtnis, oder zwischen explizitem und implizitem Gedächtnis unterschieden. Gegenwärtige neurowissenschaftliche Konzepte gehen ferner davon aus, dass spezifische Gedächtnisfunktionen auch bestimmten neuralen Strukturen zuzuordnen sind. Diese Vorstellungen korrelieren mit dem Bild einer modularen Arbeitsweise der einzelnen Gedächtnis-

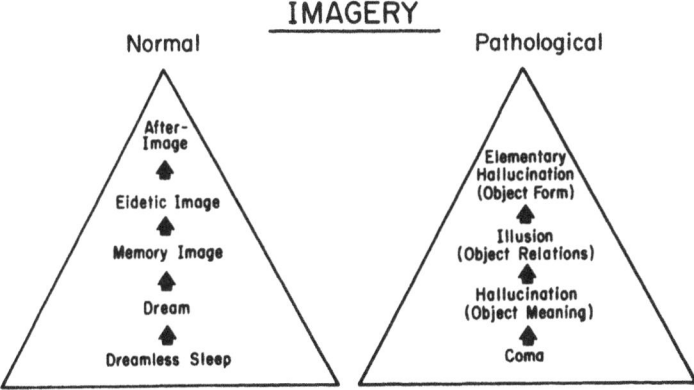

Abb. 63. Mikrogenetische Ebenen der Objektbildung bzw. der Bildung von Vorstellungen (imagery). Darstellung der Mikrogenese normaler und pathologischer Vorstellungen. (Brown, 1988) Copyright: Taylor & Francis Group.

systeme, wonach bestimmte Informationen in den entsprechenden Hirnarealen abgespeichert und wieder abgerufen werden können.

Ausgehend von der Frage, wodurch sich die Erinnerung an ein Objekt vom Erkennen und Wiedererkennen eines Objektes unterscheidet, sucht die mikrogenetische Theorie nach einem anderen Erklärungmodell für das Gedächtnis. In dieser Hinsicht könnten Wahrnehmungsphänomene, wie visuelle Nachbilder oder déjà-vu-Erlebnisse als Zwischenstufen eines mnestischen bzw. perzeptiven Kontinuums verstanden werden. Die Mikrogenese von Erinnerungen müsste dadurch nicht als eigener Entfaltungsprozess gesehen werden, sondern könnte mit dem mikrogenetischen Konzept der Wahrnehmung und Objektbildung in Zusammenhang gebracht werden. Nach der Theorie von Brown repräsentiert eine Vorstellung (oder eine Erinnerung) ein Objekt, das den mikrogenetischen Entfaltungsprozess nur inkomplett durchlief (Brown, 1988). Demnach wäre eine Erinnerung eine Stufe in der Mikrogenese von Wahrnehmungen bzw. in der Ausbildung von Objektrepräsentanzen. Abhängig davon, inwieweit der mikrogenetische Entfaltungsprozess der Objektbildung bereits fortgeschritten ist, wird nach dieser Theorie, ein Ereignis entweder als mnestisches oder perzeptives Phänomen erlebt. Gelangt der Entfaltungsprozess einer Repräsentanz bis zu der Stufe, in der die Perzeption eines Objektes im äußeren Raum möglich ist, so erfolgt die Wahrnehmung des Objektes. Eine Einschränkung des Prozesses bis zu der genannten Stufe führt dagegen nicht zur realen Objektwahrnehmung, sondern nur zu einer Vorstellung des Objektes.

Mit dem Modell der Gedächtnisfunktion als Prozessgeschehen, das entlang evolutionärer Ebenen der Gehirnentwicklung erfolgt, ergeben sich neue Aspekte im Verständnis von spezifischen mnestischen Funktionen. Im Prinzip sind aus Sicht der Mikrogenese bereits visuelle Nachbilder, die unmittelbar nach Betrachtung eines Objektes nach dem Lidschluss erscheinen, als mnestische Erscheinungen zu interpretieren. Die lebendige Erfahrung des Nachbildes eines soeben wahrgenommenen Objektes legt die Annahme nahe, dass hier neuerlich nahezu der gesamte Entfaltungsprozess der jeweiligen Objektrepräsentanz wiederholt wurde, d.h. dass das Erinnerungsbild sehr nahe an das eigentliche Wahrnehmungsbild heranreicht (Brown, 1988).

Das sogenannte Kurzzeitgedächtnis, also die Fähigkeit, Inhalte wenige Sekunden bis Minuten nach der Wahrnehmung zu rekapitulieren, kann ebenfalls als Manifestation eines mikrogenetischen Prozesses verstanden werden. Im Vergleich zu einem visuellen Nachbild, handelt es sich bei Leistungen des Kurzzeitgedächtnisses um eine echte mentale Rekonstruktion einer zuvor gemachten Wahrnehmung oder Erfahrung, sodass es sich dabei mehr um einen kognitiven, als um einen perzeptiven Vorgang handelt. Erinnerungen aus dem Kurzzeitgedächtnis repräsentieren, im Gegensatz zu Nachbildern, frühere Stufen der Objektbildung, d.h. Ebenen, in denen die Fähigkeit zur Wahrnehmung eines externen Objektes noch nicht entwickelt ist. Als Konsequenz dieser Tatsache, fehlen dem durch das Kurzzeitgedächtnis rekonstruierten Objekt bereits zahlreiche charakterisierende Elemente (Brown, 1988).

Analog zur Theorie des Kurzzeitgedächtnisses basiert das mikrogenetische Konzept des Langzeitgedächtnisses auf ähnlichen Prinzipien. Die Rekonstruktionen aus dem Langzeitgedächtnis zeichnen sich durch ihren rudimentären Charakter aus. Die Erinnerungen sind zumeist im Kontext mit anderen Ereignissen abrufbar, wobei zeitliche Abfolgen kaum mehr Berücksichtigung finden. Die Inhalte, die aus dem Langzeitgedächtnis rekapituliert werden, stammen folglich aus den frühesten Stufen des Wahrnehmungs- und Objektbildungsprozesses.

Die als Amnesien bezeichneten Störungen der Gedächtnisses gewähren in der Sichtweise der mikrogenetischen Theorie neue Interpretationsmöglichkeiten der mnestischen Funktion. Nach Brown sind die Symptome einer Amnesie nicht auf ein Defizit des Abrufens von Inhalten zurückzuführen, sondern Ausdruck eines inkompletten Entfaltungsprozesses in der Objektbildung (Brown, 1988). Aus mikrogenetischer Perspektive widerspiegelt das Symptom den normalen Erinnerungsakt bis zur Ebene der Unterbrechung (oder Verzögerung) durch eine Läsion, wobei abhängig von der Ebene der Störung bestimmte assoziierte Elemente der Erinnerung erhalten bleiben können. In einem derartigen Fall ist es zwar nicht möglich, einen bestimmten Inhalt zu erinnern, allerdings gelangen assoziierte Gedankeninhalte oder Affekte zum Bewusstsein. Ein Beispiel dafür liefert die bekannte Beobachtung von Eduard Claparède: Er begrüßte amnestische Patienten, die vorangehende Begegnungen mit ihm während der Visite nicht erinnerten, eines Tages mit einer Nadel in seiner Hand. Die Patienten erkannten den Arzt auch am folgenden Tag nicht, lehnten aber ab, ihm zur Begrüßung die Hand zu reichen (Claparède, 1911). Diese Beobachtung verdeutlicht, dass in solchen Fällen eine explizite Erinnerung nicht möglich ist, eine implizite Erinnerung das Verhalten jedoch sehr wohl beeinflussen kann. Das Phänomen kann als Manifestation eines inkompletten mikrogenetischen Entfaltungsprozess aufgefasst werden, bei dem nur assoziierte Komponenten der eigentlichen Mikrogenese fortbestehen. Eine ähnliche Interpretation wäre für das Symptom der „Konfabulation" bei Patienten mit Korsakoff Syndrom möglich. In diesem Fall wird die Amnesie für bestimmte Inhalte durch Konfabulationen, also phantasiereiche Erzählungen mit assoziativem Charakter, „ausgefüllt". Das Konfabulieren wird also zum manifesten (Rest-) Symptom

eines beeinträchtigten Entfaltungsprozesses (Brown, 1988).

5.2.4 Bewusstsein

Das Prinzip der Mikrogenese ist nicht nur auf verschiedene Formen mentaler Funktionen anwendbar, sondern bildet auch die Grundlage für eine Theorie des Bewusstseins (Brown, 1983b). Der mikrogenetische Entfaltungsprozess ist als Vorgang konzipiert, der sich entlang evolutionär ausgebildeter Hirnstrukturen entwickelt. Die Richtung des Prozesses ist streng unidirektional, entlang einer vertikalen Achse (kaudal-rostral), und somit nicht umkehrbar. Die mikrogenetische Bewusstseinstheorie geht davon aus, dass ein Entfaltungsprozess, der sich über evolutionäre Ebenen ausbreitet, zur Ausbildung bzw. zum Auftauchen neuer Eigenschaften führt. Dieses Phänomen wird in der Biophilosophie als „Emergenz" (Auftauchen) bezeichnet. Der Begriff der Emergenz geht auf die Theorien des Philosophen G. H. Lewes zurück, der zwischen resultanten und emergenten Eigenschaften differenzierte (Lewes, 1879). In dieser Hinsicht wird eine Eigenschaft eines Ganzen, die bereits eine seiner Bestandteile besitzt, als „resultant" bezeichnet. Wenn jedoch ein Ganzes eine Eigenschaft hat, die keiner seiner Teile besitzt, so heißt diese „emergent" (Mahner & Bunge, 2000). Die Eigenschaft, lebendig zu sein, kann in diesem Zusammenhang als emergente Eigenschaft einer Zelle gesehen werden. Analog dazu, wäre die Bewusstseinsfähigkeit als emergente Eigenschaft des Gehirns aufzufassen.

Im Bezug auf eine mikrogenetische Bewusstseinstheorie erhebt sich die Frage, wie das Auftreten emergenter Eigenschaften in der Abfolge eines Entfaltungsprozesses vorzustellen ist. Im Falle einer segmentalen Gliederung des mikrogenetischen Prozesses – in der jedes Segment einer entsprechenden evolutionären Ebene des Gehirns zuordenbar wäre – hätte der

Übergang von einer Ebene zur nächsten emergenten Charakter. In einem anderen Modell wäre der Entfaltungsprozess nicht in einzelne wenige Segmente unterteilbar, sondern aufgrund kleinster Segmentierungen als Kontinuum zu betrachten. Die Vorstellung eines Kontinuums würde bedeuten, dass Bewusstseinszustände das Resultat von Aufeinanderfolgen ständig wechselnder Segmente wären (Brown, 1983b).

Durch Verbindung der mikrogenetischen Theorie mit Daten aus der Psychophysiologie wird es möglich, ein Konzept der unmittelbaren und bewussten Erfahrung des „Jetzt" zu erstellen. Psychophysiologische Modelle gehen von einem „Wahrnehmungsmoment" aus, das die Grundlage für die kontinuierliche Erfahrung einer „Gegenwärtigkeit" darstellt. Diese resultiert aus der Aufeinanderfolge kürzester Wahrnehmungsspannen, die eine Dauer von jeweils ca. 0,1 Sekunde aufweisen (Stroud, 1967). Aus mikrogenetischer Sicht ist jeder Entfaltungsprozess, der sich von tiefen Hirnregionen bis zum kortikalen Endpunkt erstreckt, einem derartigen Wahrnehmungsmoment zuordenbar, und bildet somit das Substrat für die Erfahrung des „Jetzt" (Brown, 1983b). Erst durch die Kombination von Aufeinanderfolge und Überlagerung mikrogenetischer Prozesse im zeitlichen Verlauf, kommt es zum Ersatz eines Erfahrungszustandes durch den nächsten., d.h. jede bewusste Erfahrung entwickelt sich überlappend zur vorangehenden. Vom subjektiven Erfahrungszustand des „Jetzt", der nur Bruchteile einer Sekunde andauert, ergibt sich ein fließender Übergang zu den Inhalten des Kurzzeitgedächtnisses, die mit dem langsamen Abfall der überlagernden mikrogenetischen Prozesse korrelieren. Mit zunehmender zeitlicher Distanz und entsprechender Verminderung der Prozesse folgt der Übergang von Inhalten in das Langzeitgedächtnis (Abb. 64).

Für das Zustandekommen einer Erfahrung des „Jetzt" bedarf es der Entfaltung eines mikrogenetischen Prozesses, der sich von archaischen limbischen Strukturen hin zu den verschiedenen evolutionären Stufen des Neocortex entwickelt. Damit sind frühere Ebenen des Wahrnehmungs- und Objektbildungsprozesses evolutionär älteren neuralen Strukturen zuordenbar. Gleichzeitig korrelieren die verschiedenen neuralen und mikrogenetischen Ebenen mit bestimmten Gedächtnisfunktionen, also dem Kurzzeit- und Langzeitgedächtnis.

Die auf psychophysischen Daten aufbauende Vorstellung, dass Bewusstsein durch Wiederholung von kürzesten Wahrnehmungsmomenten bzw. -spannen in einer Frequenz von 10/sec entstehen könnte, lässt die Vermutung eines „biologischen Generators" als neurales Substrat zu (Brown, 1983b). Dies wäre insofern nahe-

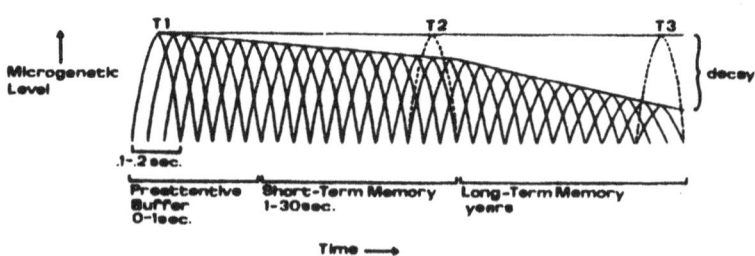

Abb. 64. Der mikrogenetische Prozess und die Entstehung der Erfahrung des „Jetzt" (Brown, 1988) Copyright: Taylor & Francis Group.

liegend, als derartige Oszillatoren bereits in mehreren Gehirnarealen nachgewiesen wurden. Zu nennen sind in diesem Zusammenhang etwa Oszillatoren im oberen Hirnstamm, die mit Aspekten des Schlaf-Wach-Zyklus assoziiert sind, oder jene, die mit dem motorischen oder respiratorischen System in Verbindung stehen. Nach Brown wäre es möglich, dass sich Rhythmen in verschiedenen Ebenen des mikrogenetischen Prozesses aus einem Grundrhythmus herausdifferenzieren und somit die Grundlage für die bewusste Erfahrung bilden (Brown, 1982).

Der mikrogenetische Zugang eröffnet neue Aspekte im Verständnis von veränderten Bewusstseinszuständen. Der Begriff der Aufmerksamkeit wird aus Sicht der Mikrogenese als verhaltensbezogene Erscheinung einer Wahrnehmung verstanden. Aufmerksamkeit erscheint implizit mit einer fokalen Zuwendung zu einem Objekt verbunden zu sein. Sie entspricht dadurch einer spezifischen kortikalen Funktion und repräsentiert den Endpunkt eines mikrogenetischen Prozesses. Das paradoxe Phänomen einer „diffusen" Aufmerksamkeit wäre demnach mit einem Wahrnehmungsprozess auf einer unteren neuralen Entwicklungsstufe vereinbar, also mit einem unvollständigen mikrogenetischen Prozess. Tatsächlich kann das Symptom der Verwirrtheit als Manifestation einer Aufmerksamkeitsstörung im Sinne einer Rückkehr zu einer diffusen Aufmerksamkeit angesehen werden (Brown, 1983b), d. h. ein Verwirrtheitszustand entspricht auch einer frühen Form der Wahrnehmung und Kognition. Mit dem Auftauchen vorläufiger Komponenten des mikrogenetischen Aufmerksamkeitsprozesses in Form von Verwirrtheitszuständen sind häufig andere Symptome, wie etwa Halluzinationen oder affektive Störungen assoziiert. Verwirrtheit scheint auch mit einer profunden Störung des Zeitempfindens einherzugehen, das letztlich auch die Fähigkeit zur Empfindung des „Jetzt" beeinträchtigt (Brown, 1983b).

5.3 Mikrogenese und Psychopathologie

Die Entfaltungsprozesse von Kognition und Perzeption bilden die Grundlage für eine mikrogenetische Theorie psychopathologischer Störungen. Das Konzept der Mikrogenese versteht jede Form der Entwicklung als Prozess, der von einem allgemeinen und undifferenzierten Zustand zu einem differenzierten und hierarchisch integrierten Zustand führt. In Bezug auf das Denken bedeutet dies, dass die basale und undifferenzierte Stufe der Denkorganisation als Anhäufung von Bildern oder einfachen Konzepten vorgestellt werden kann. Diese frühen Formen des Denkens werden in der mikrogenetischen Theorie auch als „primäre Ansammlungen" (primary aggregations) zusammenhängender Ideen bezeichnet (Arieti, 1962). Die „primären Ansammlungen" sind derart organisiert, dass auf dieser Ebene eher Bedeutungszusammenhänge, als spezifische Inhalte erfasst werden. Störungen des Denkens sind bei Patienten mit Aphasie oder Schizophrenie zu beobachten. Aus mikrogenetischer Sicht erscheint der Denkakt bei diesen Patienten auf einer frühen Stufe fixiert zu sein. Die häufig bei schizophrenen Patienten beschriebenen kategoriellen Verwechslungen von Begriffen, aber auch die sogenannten semantischen Paraphasien von Aphasiepatienten, können als Manifestationen einer frühen Organisationsstufe des Denkens angesehen werden. Die Frage nach dem Namen des Papstes kann von einem schizophrenen Patienten etwa mit dem Wort „Vatikan" beantwortet werden. Das gefundene Wort fällt zwar nicht in die Kategorie von Papstnamen, steht jedoch bedeutungsmässig mit dem Begriff „Papst" in engem Zusammenhang. Diese Form des Denkens wäre also einer frühen Stufe der Kognition zuordnebar, auf der noch keine Differenzierung von spezifischen Inhalten möglich ist und eine lockere Verbindung zwischen den einzelnen Elementen besteht. Diese Funktionsweise erinnert an das von Freud beschriebene Prinzip des Primärvorganges. Auch dabei stehen Denkinhalte in einem losen und assoziativen Zusammenhang und es überwiegen Mechanismen, wie Verdichtung und Verschiebung, sodass einander ähnliche Elemente leicht vertauscht werden können.

Das Antwortverhalten des zuvor angeführten schizophrenen Patienten erfolgt sogar auf der undifferenzierten Stufe des Denkens, also nicht zufällig, sondern legt nahe, dass bereits hier einfache Formen von Gruppierungen existieren. Innerhalb dieser sogenannten primären Gruppen sind die Inhalte gleichwertig, da sie ein gemeinsames Merkmal besitzen. Der Begriff „Gott" kann z.B. synonym für das Wort „König" verwendet werden, da beide Inhalte besondere Instanzen repräsentieren. Die besondere Eigenschaft, die beide Worte verbindet, lässt darauf schließen, dass die Worte einer gemeinsamen Gruppe entstammen. Beobachtungen von Patienten mit Schizophrenie lassen vermuten, dass deren Denken nicht in jeder Hinsicht auf einer früheren Stufe fixiert ist. Arieti machte darauf aufmerksam, dass dies nur dann der Fall ist, wenn Denkinhalte mit bestimmten persönlichen Aspekte des Patienten in Verbindung stehen (Arieti, 1948). Eine schizophrene Patientin denkt z.B., dass sie die Jungfrau Maria sei, weil sie selbst jungfräulich wie Maria ist, d.h. hier teilen Maria und die Patientin ein gemeinsames Merkmal. Andererseits manifestiert sich hier nur deshalb eine frühe Form des Denkens, weil die Jungfräulichkeit eine bestimmte persönliche Bedeutung besitzt, bzw. ein bestimmtes psychodynamisches Problem für die Patientin darstellt (Arieti, 1950).

Im Gegensatz zu der schwereren Störung der Schizophrenie, die aus mikrogenetischer Sicht einer frühen Stufe des Denkens entspricht, stellen die Psychoneurosen reifere psychopathologische Erscheinungen dar. Bei neurotischen Störungen kommt es nach Arieti nicht wie bei der Schizophrenie

zu Identifizierungen mit Objekten oder Inhalten aufgrund von Gemeinsamkeiten. Der Neurotiker benimmt sich anderen Objekten gegenüber so, als würden diese einer primären Aggregation angehören, also Objekten und Inhalten, die einer frühen Denkorganisation zuzuordnen sind (Arieti, 1962). Arieti führt das Beispiel eines neurotischen Patienten an, der ein auffallend aggressives Verhalten älteren rothaarigen Frauen gegenüber zeigt. Die Ursachen waren dem Patienten nicht bewusst, bis er sich im Laufe einer Therapie daran erinnert, dass ihn seine Mutter früher öfters zu seiner ungeliebten Tante zur Betreuung brachte, die ein ähnliches Aussehen aufwies. Diese Tante verhielt sich ihm gegenüber sehr abweisend und desinteressiert. In diesem Fall wurde sein ursprünglich der Tante geltendes Verhalten auf die gesamte Kategorie von älteren rothaarigen Frauen übertragen. Die Verbindung zwischen seinem gegenwärtigen Verhalten und dem Ursprung der Verhaltensweise blieb dem Patienten jedoch lange Zeit unbewusst. Hier zeigt sich also eine Diskrepanz zwischen dem gegenwärtigen kognitiven Erfassen einer Frau mit den beschriebenen körperlichen Eigenschaften, und dem Verhalten ihr gegenüber. Der Patient verhält sich den Frauen gegenüber so, als ob es sich um eine primäre Ansammlung gleichartiger Objekte handelt. Dieses Verhalten entstammt letztlich ebenfalls einer primitiven Ebene der Denkorganisation. Allerdings manifestiert sich diese bei der Neurose nur in den Handlungen, die von der Person selbst als fremd und unerklärlich empfunden werden. Bei der schizophrenen Störungen kommt es dagegen zu einer tiefergreifenden Beeinträchtigung der Kognition, bzw. des logischen Denkens.

Die Frage nach den Gründen für ein bestimmtes Antwortverhalten von Patienten mit Störungen des mikrogenetischen Kognitionsprozesses kann dahingehend beantwortet werden, dass bei der Wahl gewisser Antworten auch persönliche Erfahrungen eine Rolle spielen. So ist es zwar nachvollziehbar, dass ein schizophrener Patient bei der Frage nach einer bestimmten Hauptstadt eine andere Stadt auswählt, da diese ebenfalls zu einer primären Gruppe gehört. Warum seine Wahl aber auf eine ganz bestimmte Stadt fällt, kann z. B., durch persönliche Erfahrung bedingt sein. Weitere dynamische Erklärungsmöglichkeiten für die Bevorzugung bestimmter kognitiver Elemente könnten auch in unbewussten bzw. primitiven Wünschen gefunden werden. Ein Patient kann sich, als Ausdruck der Verleugnung seiner Erkrankung, demnach in einem Hotel und nicht im Krankenhaus wähnen (Weinstein, 1959).

Am Beispiel des neurotischen Patienten, dessen ursprünglicher emotionaler Konflikt mit seiner Tante unbewusst blieb und in der Folge bei jeder Begegnung mit ähnlich aussehenden Frauen wiederholt wurde, erhebt sich die Frage nach dem Nutzen einer Fixierung des Verhaltens auf dieser Stufe. Dazu kann angeführt werden, dass das Wiederholen der frühen Verhaltensformen für den Patienten aktuell zwar als fremd erlebt wird, es dient aber gleichzeitig der Vermeidung von Unlust, die mit der schmerzlichen bewussten Erinnerung an die Tante verbunden wäre.

Die bisherigen Ausführungen über den mikrogenetischen Entfaltungsprozess der Kognition lassen einige grundsätzliche Prinzipien erkennen: Abhängig vom Vorhandensein bzw. vom Ausmaß einer Störung, kann der Kognitionsprozess auf verschiedenen Ebenen unterbrochen bzw. fixiert bleiben. Eine Fixierung auf einer bestimmten Stufe kann nicht nur durch organische Schädigungen erfolgen, sondern auch durch Motivation oder unbewusste Wünsche bedingt sein. Es kann daher gefolgert werden, dass der Kognitionsprozess auf jeder Ebene der Mikrogenese von einer entsprechenden affektiven Änderung begleitet ist. In qualitativer Hinsicht ist davon auszugehen, dass jeder Denkprozess vor der Bewusstwerdung zunächst unbewusst

ist. Nach der mikrogenetischen Theorie Arietis bestimmt vor allem der unbewusste Affekt, ob eine bestimmte Stufe des Kognitionsprozesses bewusst wird oder nicht (Arieti, 1962).

Für die Mikrogenese der Perzeption sind ähnliche Prinzipien anzunehmen wie im mikrogenetischen Kognitionsprozess. Bestimmte psychopathologische Phänomene schizophrener Patienten scheinen Einblick in frühe Formen der Wahrnehmung zu gewährleisten. Ein besonderes perzeptives Defizit dieser Patienten stellt die Unfähigkeit dar, Objekte in ihrer Gesamtheit bzw. Ganzheit wahrzunehmen (Arieti, 1961). Personen werden von den Patienten nicht als Individuen erkannt, sondern es werden nur Teile des Körpers einzeln wahrgenommen, sozusagen als Form einer perzeptiven Fragmentierung. Derartige Erscheinungen werden auch bei Verwirrtheitszuständen anderer Ätiologie beschrieben. Aus mikrogenetischer Sicht wären diese Fragmentierungen von Wahrnehmungen als Rückkehr zu primitiveren Stufen des Perzeptionsprozesses zu verstehen. Die Einzelteile eines Objektes würden so gesehen wieder als „primäre Aggregationen" von Wahrnehmungselementen erfahren werden. Als indirekte Bestätigung der Existenz früher Formen der Wahrnehmung kann die Beobachtung an Patienten mit kongenitaler Blindheit herangezogen werden: Diese Patienten berichten nach einer Kataraktoperation, die ihnen erstmalig das Sehen ermöglicht, dass sie bei ihren ersten Seheindrücken lediglich Fragmente von Objekten wahrgenommen haben. Weitere Hinweise für die Existenz früher Stufen der Wahrnehmung kommen aus der Subliminalforschung. Bereits Poetzl konnte in den visuell induzierten Traumbildern bei Normalpersonen nachweisen, dass ein subliminal, also ein unter der Wahrnehmungsschwelle perzipiertes Bild, im nachfolgenden Traum nur mehr als Teilobjekt oder Fragment erscheint (Poetzl, 1917). Diese experimentellen Ergebnisse wären gut mit der Vorstellung vereinbar, dass unbewusste Wahrnehmungen mit der Vorstufe mikrogenetischer Wahrnehmungsprozesse korrelieren.

Zusammenfassend kann über die Mikrogenese von Kognition und Perzeption gesagt werden, dass der Entfaltungsprozess beider mentalen Leistungen zunächst unbewusste Phasen durchläuft, bevor er das Bewusstsein erreicht. Neuropsychologische und psychopathologische Störungen lassen Rückschlüsse auf die Existenz mikrogenetischer Prozesse zu. Die mikrogeneti-

sche Theorie versteht psychopathologische Symptome als Entfaltungsprozesse, die zu früh und daher unvollständig an die „Oberfläche" gelangen. Die an die Oberfläche gelangenden unvollständigen Denkprozesse können nun mit dem hervorgerufenen Verhalten im Einklang stehen oder nicht. Im Falle der Kongruenz zwischen frühen Denkprozessen und Verhalten resultiert eine Psychose, im Falle der Inkongruenz nach mikrogenetischer Theorie eine Psychoneurose.

Schlussbemerkungen

Die gegenwärtigen neurowissenschaftlichen Vorstellungen über neurale und mentale Funktionen orientieren sich vorwiegend an den modularen Konzepten der Informationstechnologie. Ein Aspekt, der dabei weitgehend in den Hintergrund gerückt wird, ist die Beurteilung der Gehirnfunktion nach evolutionären Gesichtspunkten. Die in diesem Buch zusammengefassten Theoriekonzepte verschiedener Wissenschaftsdisziplinen basieren zum Großteil auf evolutionären bzw. hierarchischen Prinzipien, die sowohl auf neurale, als auch mentale Funktionen anwendbar sind.

Die Anfänge dieser Betrachtungsweise gehen auf den Philosophen Herbert Spencer zurück, der mit den Begriffen der Evolution und Dissolution ein Erklärungsmodell für die Phylogenese und die Pathologien des Gehirns einführte. Hughlings Jackson fand in den neurologischen Symptomen seiner Patienten das Spencer'sche Prinzip der Dissolution des Nervensystems bestätigt. Unter diesem Gesichtspunkt ermöglichen zerebrale Ausfälle (Dissolution) gleichsam einen Einblick in die phylogenetische Entwicklung (Evolution) des Gehirns. Für Jackson stellt die Evolution einen Prozess von einem Zustand der höchsten zur geringsten Organisation dar. Die Gültigkeit der von Jackson postulierten hierarchischen Organisation des Gehirns wird von der modernen neurologischen Forschung weitgehend bestätigt. Hierarchische Organisationsprinzipien lassen sich im motorischen und somatosensorischen System, aber auch im visuellen System nachweisen.

Die Beobachtung von homologen Verhaltensweisen verwandter Arten, etwa zwischen Mensch und Primaten, gewährt Einblicke in die evolutionär-hierarchischen Prinzipien der Gehirnentwicklung. Angeborene Verhaltensweisen in Form von Instinktbewegungen, finden sich beim Menschen in reiner Form nahezu ausschließlich beim Neugeborenen bzw. Säugling, da die frühe Ontogenese die Stammesgeschichte zumindest teilweise repräsentiert. Beim erwachsenen Menschen finden sich Residuen von Instinkthandlungen noch in rudimentärer Form, etwa in den Grußgesten, die dem instinktiven Demutsverhalten vieler Säugetiere zugeordnet werden können. Eine weitere Möglichkeit, Instinktbewegungen bzw. handlungen am Menschen zu beobachten, bieten – nach dem Jacksonschen Prinzip der Dissolution – Krankheitsprozesse, die mit fokalen zerebralen Läsionen einhergehen, oder zu einem diffusen Abbau des Gehirns fuhren. Je nach Auspragungsgrad der Funktionsstörung des Gehirns treten diese Instinktbewegungen reflektorisch oder automatisch auf. In der Dissolution der Hirnfunktion werden somit gleichsam phylogenetische und ontogenetische Entwicklungsstufen freigelegt bzw. wiederholt.

Eine hierarchischen Organisation von Instinkthandlungen wurde bereits von der vergleichenden Verhaltensforschung postuliert. Diese Anschauungen bedingen allerdings eine entsprechende hierarchische Struktur funktioneller Instanzen im Gehirn. Das Forschungsgebiet der evolutionären Neuroethologie versucht, die Zusammenhänge zwischen spezifischen Verhaltensweisen und Gehirnstruktur zu ergründen. Nach Paul MacLean handelt es sich beim menschlichen Gehirn, aus evolutionärer Sicht, um ein „Triune Brain", also um ein evolutionär entstandenes dreiteiliges neurales System, welches das phylogenetische Erbe von Reptilien, sowie von niederen und höherentwickelten Säugetieren darstellt. Diese Verbände bilden eine Einheit, entsprechend einem Konglomerat aus drei Gehirnen – obwohl sie sich in ihrer Struktur und Neurochemie deutlich voneinander unterscheiden, und in evolutionärer Hinsicht Äonen voneinander entfernt sind. Obwohl die Verbände untereinander hochgradig vernetzt sind, gibt es auch Hinweise für eine voneinander unabhängige Funktionsweise. Die Erkenntnisse der evolutionären Neuroethologie finden auch in den Vorstellungen der evolutionären Psychiatrie, vor allem hinsichtlich der Genese psychopathologischer Symptome ihren Niederschlag.

Hierarchische Aspekte beinhalten auch die metapsychologischen Theorien der Psychoanalyse. Neben den Modellen des psychischen Apparates, basieren vor allem die Konzepte der psychischen Funktionsweisen – des sogenannten Primär- und Sekundärvorganges – oder das Phänomen der Regression, auf hierarchischen Prinzipien. Die onto- und phylogenetischen Bezüge in der psychoanalytischen Theorie beinhalten ebenfalls hierarchische Vorstellungen. Das Forschungsgebiet der Neuropsychoanalyse versucht metapsychologische Theorien mittels neurowissenschaftlicher Methoden zu untersuchen bzw. zu testen. Die Daten der evolutionären Neuroethologie liefern dabei zahlreiche Konzepte, die mit der psychoanalytischen Theorie in Verbindung gebracht werden könnten. MacLeans Konzept der Emotomentation und Ratiomentation zeigt hier einige Parallelen mit den von Freud entdeckten Prinzipien des Primär- und Sekundärvorganges. Ebenso können die bildhaften und triebbestimmten Inhalte des Traumgeschehens mit der vom Cortex abgekoppelten Aktivität des Lim-

bischen Systems in Verbindung gebracht werden.

Die Theorie der Mikrogenese geht davon aus, dass jedes mentale Ereignis das Resultat eines Entfaltungsprozesses darstellt, der die einzelnen Stufen der Evolution und der Ontogenese durchläuft. Dieser Prozess, der evolutionär vorgegebenen neuralen hierarchischen Strukturen folgt, ist auf Aspekte der Wahrnehmung, der Handlung und des Bewusstseins anwendbar. Eine Störung des mikrogenetischen Entfaltungsprozesses, also ein durch eine Hirnläsion erzeugtes neurologisches Symptom, wird als Momentaufnahme eines Prozesses angesehen, der sich vorzeitig, und damit in unvollständiger Form manifestiert. Das Erscheinungsbild des Symptoms korreliert dabei mit der Höhe der Läsion.

All den hier dargestellten Hierarchiekonzepten, die sowohl in Theorien der Gehirnfunktion, des Verhaltens, als auch der mentalen Funktion ihren Niederschlag finden, liegt ein top-down Zugang zugrunde. Dies bedeutet, dass pathologische Phänomene den Ausgangspunkt für die Konzeption des hierarchischen Prinzips darstellen. Der Bogen spannt sich von den neurologischen Enthemmungsphänomenen über neurologisch bedingte atavistische Verhaltensweisen beim Menschen – und deren Homologien zum tierischen Verhalten – bis zu den psychoanalytischen Konzepten psychopathologischer Symptome. Schließlich basieren auch die theoretischen Vorstellungen der Mikrogenese auf den Beobachtungen neuropsychologischer Phänomene. Der bottom-up Zugang der Neurowissenschaft gewährt in vielen Fällen keine schlüssigen oder nur unzureichende Antworten auf physiologische und pathologische Phänomene menschlichen Verhaltens. So wird vor allem der Aspekt des subjektiven Erlebens in der gegenwärtigen Neurowissenschaft gänzlich ausgeblendet, sodass für eine Reihe von spezifisch menschlichen Erfahrungen, wie Lachen,

Weinen, Angewohnheiten des Verhaltens, Träume, Humor, oder psychopathologische Erscheinungen keine kohärenten Konzepte vorliegen. Im Gegensatz dazu, bietet ein hierarchisch-evolutionärer Ansatz nicht nur umfassende Erklärungsmodelle für die Funktion, sondern auch für die Störungen des Gehirns und des Verhaltens.

Literaturverzeichnis

Ackermann H, Ziegler W (1995) Akinetic mutism – a review of the literature. Fortschr. Neurol. Psychiatr. 63: 59–67.

Adolphs R, Tranel D, Damasio H, Damasio A (1994) Impaired recognition of emotion in facial expressions following bilateral damage to the human amygdala. Nature 372: 669–672.

Adolphs R, Tranel D, Hamann S et al. (1999) Recognition of facial emotion in nine subjects with bilateral amygdala damage. Neuropsychologia 37: 1111–1117.

Adolphs R, Damasio H, Tranel D et al. (2000) A role for somatosensory cortices in the visual recognition of emotion as revealed by 3-D lesion mapping. J. Neurosci. 20: 2683–2690.

Akert K, Gruesen RA, Woolsey CN, Meyer DR (1961) Klüver-Bucy syndrome in monkeys with neocortical ablations of temporal lobe. Brain 84: 480–498.

Albe-Fessard D, Buser P (1979) Is a theory on neostriatal functions now possible?. In: Divac I and Oberg RGE (Eds.) The Neostriatum, Pergamon Press, Elmsford, N.Y., 315–319.

Anschel S (1977) Functional specificity of vocalizations elicited by electrical brain stimulation in the turkey. Brain Behav. Evol. 14: 399–417.

Arieti S (1948) Special logic of schizophrenic and other types of autistic thought. Psychiatry 11: 325–338.

Arieti S (1950) Primitive intellectual mechanisms in psychopathological conditions: study of the archaic Ego. Amer. J. Psychother. 4: 4–15.

Arieti S (1961) The loss of reality. Psychoanalysis 48: 3–24.

Arieti S (1962) The microgeny of thought and perception. Arch. Gen. Psychiatry 6: 76–90.

Arroyo S, Lesser RP, Gordon B, Uematsu S, Hart J, Schwerdt P et al. (1993) Mirth, laughter and gelastic seizures. Brain 116: 757–780.

Auffenberg W (1978) Social and feeding behavior in Varanus komodoensis. In: Greenberg N, MacLean PD, (Eds.) The behavior and neurology of lizards. U.S. Governement Printing Office, Washington, D.C., pp 301–331.

Auffenberg W (1981) The behavioural ecology of the Komodo Monitor. University Presses of Florida, Gainesville.

Aull-Watschinger S, Pataraia E, Baumgartner C (2008) Sexual auras: predominance of epileptic activity within the mesial temporal lobe. Epilepsy Behav. 12: 124–127.

Baddeley A (1989) Hierarchies and human memory. In: Kennard C, Swash M (Eds) Hierarchies in neurology. A reappraisal of a Jacksonian concept. Springer-Verlag, London, New York, pp 49–54.

Baerends GP (1956) Aufbau des tierischen Verhaltens. In: Helmcke JG (Ed) Handbuch der Zoologie, Band VIII, de Gruyter, Berlin.

Bailey KG (1978) The concept of phylogenetic regression. J. Amer. Acad. Psychoanal. 6: 5–35.

Baumgartner C, Gröppel G, Leutmezer F, Aull-Watschinger S, Pataraia E, Feucht M, Trinka E, Unterberger I, Bauer G (2000) Ictal urinary urge indicates seizure onset in the nondominant temporal lobe. Neurology 55: 432–434.

Beach FA (1951) Effects of forebrain injury upon mating behaviour in male pigeons. Behaviour 4: 36–59.

Bellairs A (1970) The life of reptiles. Universe Books, New York.

Bingley T (1958) Mental symptoms in temporal lobe epilepsy and temporal lobe gliomas. Acta Psychiat. Neurol. Scand. 33, Suppl. 120.

Bird A (2007) Perceptions of epigenetics. Nature 447: 396–398.

Brakel LAW, Kleinsorge S, Snodgrass M, Shevrin H (2000) The primary process and the unconscious: experimental evidence supporting two psychoanalytic presuppositions. Int. J. Psychoanal. 81: 553–569.

Brakel LAW (2004) The psychoanalytic assumption of the primary process: extrapsychoanalytic evidence and findings. J. American Psychoanal. Ass. 52: 1131–1161.

Broca P (1878) Anatomie comparée des circonvolutions cérébrales. Le grand lobe limbique et la scissure limbique dans la série des mammifères. Rev. Anthropol. 1, Ser. 2: 385–498.

Brown JW (1967) Physiology and phylogenesis of emotional expression. Brain Res. 5: 1–14.

Brown JW (1972) Aphasia, Apraxia, and Agnosia. Thomas, Springfield, Illinois.

Brown JW, Jaffe J (1975) Hypothesis on cerebral dominance. Neuropsychologia, 13: 107–110.

Brown JW (1977) Mind, brain and consciousness: The neuropsychology of cognition. Academic Press, New York.

Brown JW (1978) Lateralization: A brain model. Brain & Lang., 5: 258–261.

Brown JW (1979) Language representation in the brain. In: Steklis H, Raleigh M (Eds) Neurobiology of social communication in primates. Academic Press, New York.

Brown JW (1979a) Thalamic mechanisms in language. In: Gazzaniga M (Ed.) Handbook of Neuropsychology, Plenum Press, New York pp 215–236.

Brown JW (1980) Brain structure and language production: a dynamic view. In: Caplan D (Ed.) Biological studies of mental processes. MIT Press, Cambridge, MA.

Brown JW (1982) Hierarchy and evolution in neurolinguistics. In: Arbib M, Caplan D, Marshall J (Eds) Neural models of language processes. Academic Press, New York.

Brown JW, Leader B, Blum C (1983) Hemiplegic writing in severe aphasia. Brain and Language 19: 204–215.

Brown JW (1983a) Microstructure of perception: physiology and patterns of breakdown. Cognition and Brain Theory 6: 145–184.

Brown JW (1983b) Emergence and time in microgenetic theory. J. American Acad. Psychoanal. 11: 35–54.

Brown JW (1985) Imagery and the microstructure of perception. J. Neurolinguistics 1: 89–128.

Brown JW (1987) The microstructure of action. In: Perecman E. (Ed.) The frontal lobes revisited. IRBN Press, New York.

Brown JW (1988) The life of the mind: Selected papers. Lawrence Erlbaum Associates, Hillsdale, New Jersey.

Brown JW (1988a) Neuropsychology of visual perception. Lawrence Erlbaum Associates, Hillsdale, New Jersey.

Brown JW (1998) Psychoanalysis and process theory. Ann. N.Y. Acad. Sci. 843: 91–106.

Buchanan TW, Tranel D, Adolphs R (2005). Emotional autobiographical memories in amnesic patients with medial temporal lobe damage. J. Neurosci. 25: 3151–3160.

Burgess PW, Shallice T (1996) Bizarre responses, rule detection and frontal lobe lesions. Cortex 32: 241–259.

Buzsaki G (2002) Theta oscillations in the hippocampus. Neuron 33: 325–340.

Caine ED, Hunt RD, Weingartner H, Ebert MH (1978) Huntington´s dementia. Clinical and neuropsychological features. Arch. Gen. Psychiatry 35: 377–384.

Calamandrei G, Keverne EB (1994) Differential expression of Fos protein in the brain of female mice dependent on pup sensory cues and maternal experience. Behav. Neurosci. 108: 113–120.

Camara Magalhaes S, Vitorino Souza C, Rocha Dias T, Felipe Carvalhedo de Bruin P, de Bruin VM (2005) Lifestyle regularity measured by the social rhythm metric in Parkinson´s disease. Chronobiol Int. 22: 917–924.

Cannon WB (1953) Bodily changes in pain, hunger, fear and rage. 2nd ed. Borton, Boston.

Cascino GD, Sutula TP (1989) Thirst and compulsive water drinking in medial basal limbic epilepsy: an electroclinical and neuropathological correlation. J. Neurol. Neurosurg. Psychiatry 52: 680–681.

Ceccaldi M, Milandre L (1994) A transient fit of laughter as the inaugural symptom of capsular-thalamic infarction. Neurology 44: 1762.

Chee MWL, Kotagal P, Van Ness PC, Gragg L, Murphy D, Lüders HO. Lateralizing signs in intractable partial epilepsy: blinded multiple-observer analysis. Neurology 43: 2519–2525.

Claparéde E (1911) Recognition et moiieté. Archives de Psychologie 11: 79–90.

Colbern D, Isaacson RL, Bohus B, Gispen WH (1977) Limbic-midbrain lesions and ACTH-induced excessive grooming. Life Sci. 21: 393–402.

Cory GA, Gardner R (2002) The evolutionary neuroethology of Paul MacLean. Convergences and Frontiers. Praeger Publishers, Westport, CT.

Creutzfeld OD (1983) Cortex Cerebri. Springer, Berlin.

Cummins DD (1996) Dominance hierarchies and the evolution of human reasoning. Minds and Machines 6: 463–480.

Damasio AR, Tranel D, Damasio H (1991) Somatic markers and the guidance of behavior. In: Levin H, Eisenberg H, Benton A (Eds) Frontal lobe function and dysfunction. Oxford Univ. Press, New York, pp 217–228.

Darwin CR (1837) Notebook B (Transmutation of species).

Darwin CR (1859) On the origin of species by means of natural selection. John Murray, London.

Darwin CR (1871) The descent of man, and selection in relation to sex. John Murray, London.

Darwin CR (1872). The expression of the emotions in man and animals. John Murray, London.

Dehaene S, Changeux JP (2004) Neural mechanisms for access to consciousness. In: Gazzaniga MS (Ed) The Cognitive Neurosciences III. The MIT Press, Cambridge, London. pp 1145–1157.

de Waal FBM (1986) The integration of dominance and social bonding in primates. Q. Rev. Biol. 61: 459–479.

Dewhurst K (1982) Hughlings Jackson on psychiatry. Sanford, Oxford.

Dixon F (1971) Subliminal perception: The nature of a controversy. McGraw-Hill, London.

Dobesberger J, Walser G, Unterberger I, Embacher N, Luef G, Bauer G, Benke T, Bartha L, Ulmer H, Ortler M, Trinka E (2004) Genital automatisms: a video-EEG study in patients with medically refractory seizures. Epilepsia 45: 777–780.

Eibl-Eibesfeldt I (1971) !Ko-Buschleute (Kalahari) – Schamweisen und Spotten. Homo 22: 261–266.

Eibl-Eibesfeldt I (1984) Die Biologie des menschlichen Verhaltens. Grundriß der Human-ethologie. Piper, München/Zürich.

Eibl-Eibesfeldt I (1999) Grundriß der vergleichenden Verhaltensforschung. Piper, München.

Enard W, Przeworski M, Fisher SE, Lai CSL, Wiebe V, Kitano T, Monaco AP, Paäbo S (2002) Molecular evolution of FOXP2, a gene involved in speech and language. Nature 418: 869–872.

Engel JrJ (1996) Introduction to the temporal lobe epilepsies. Epilepsy Res. 26: 141–150.

Engel JrJ, Williamson PD, Wieser HG (1997) Mesial temporal lobe epilepsy. In: Engel JrJ, Pedley TA (Eds) Epilepsy: A comprehensive textbook. Philadelphia: Lippincott-Raven Publishers.

Fish DR, Gloor P, Quesney FL, Olivier A (1993) Clinical responses to electrical brain stimulation of the temporal and frontal lobes in patients with epilepsy. Pathophysiological implications. Brain 116: 397–414.

Fishbein HD (1976) Evolution, development, and children´s learning. Goodyear, Pacific Palisades, California.

Fisher C (1960) Subliminal and supraliminal influences on dreams. American J. Psychiatr. 116: 1009–1017.

Fleischer S, Slotnick BM (1978) Disruption of maternal behavior in rats with lesions of the septal area. Physiol. Behav. 21: 189–200.

Franck D (1997) Verhaltensbiologie. 3. Auflage, Thieme Verlag, Stuttgart, New York, pp 11–14.

Freud S (1891) Zur Auffassung der Aphasien. Eine kritische Studie. Fischer Verlag, Frankfurt am Main 2001.

Freud S (1897) Brief 146. In: Masson JM (Ed) Sigmund Freud – Briefe an Wilhelm Fließ. S. Fischer. Frankfurt am Main, 1986, pp 301–305.

Freud S (1900) Die Traumdeutung. Gesammelte Werke, II/III, Fischer Verlag, Frankfurt am Main 1999, pp 542–546.

Freud S (1900a) Die Traumdeutung. Gesammelte Werke, II/III, Fischer Verlag, Frankfurt am Main 1999, pp 620–622.

Freud S (1905) Drei Abhandlungen zur Sexualtheorie. Gesammelte Werke, V, Fischer Verlag, Frankfurt am Main 1999, p 67.

Freud S (1905a) Drei Abhandlungen zur Sexualtheorie. Gesammelte Werke, V, Fischer Verlag, Frankfurt am Main 1999, pp 69–70.

Freud S (1905b) Drei Abhandlungen zur Sexualtheorie. Gesammelte Werke, V, Fischer Verlag, Frankfurt am Main 1999, p 98.

Freud S (1911) Formulierungen über die zwei Prinzipien des psychischen Geschehens. Gesammelte Werke, VIII, Fischer Verlag, Frankfurt am Main 1999, pp 231–232.

Freud S (1911a) Psychoanalytische Bemerkungen über einen autobiographisch beschriebenen Fall von Paranoia, VIII, Fischer Verlag, Frankfurt am Main 1999, pp 319–320.

Freud S (1913) Totem und Tabu. Gesammelte Werke, IX, Fischer Verlag, Frankfurt am Main 1999.

Freud S (1913a) Totem und Tabu. Gesammelte Werke, IX, Fischer Verlag, Frankfurt am Main 1999, pp 122–194.

Freud S (1915) Das Unbewusste. Gesammelte Werke, X, Fischer Verlag, Frankfurt am Main 1999, pp 264–303.

Freud S (1915a) Übersicht der Übertragungsneurosen. Grubrich-Simitis I (Ed). S. Fischer Verlag, Frankfurt am Main 1985, pp 70–81

Freud S (1923) Das Ich und das Es. Gesammelte Werke, XIII, Fischer Verlag, Frankfurt am Main 1999, pp 235–290.

Freud S (1923a) Das Ich und das Es. Gesammelte Werke, XIII, Fischer Verlag, Frankfurt am Main 1999, p 244.

Freud S (1926) Hemmung, Symptom und Angst. Gesammelte Werke, XIV, Fischer Verlag, Frankfurt am Main 1999, pp 111–206.

Freud S (1930) Das Unbehagen in der Kultur. Gesammelte Werke, XIV, Fischer Verlag, Frankfurt am Main 1999, pp 421–506.

Freud S (1932) Neue Folge der Vorlesungen zur Einführung in die Psychoanalyse. Gesammelte Werke, XV, Fischer Verlag, Frankfurt am Main 1999, p 80.

Fried I, Wilson CL, MacDonald KA, Behnke EJ (1998) Electric current stimulates laughter. Nature 391: 650.

Fulton JF (1934) Forced grasping and groping in relation to the syndrome of the premotor area. Arch. Neurol. Psychiat. 31: 221–235.

Gajdusek DC (1970) Physiological and psychological characteristics of Stone Age man. In: Symposium on biological bases of human behavior. Eng. Sci. 33, 26–33, 56–62.

Galin D (1974) Implications for Psychiatry of left and right cerebral specialization: A neurophysiological context for unconscious processes. Arch. Gen. Psychiat. 31: 572–583.

Gallese V, Goldman A (1999) Mirror neurons and the simulation theory of mind-reading. Trends Cogn. Sci. 2: 493–500.

Gardner H, Ling PK, Flamm L, Silverman J (1975) Comprehension and appreciation of humorous material following brain damage. Brain 98: 399–412.

Gardner R (1982) Mechanisms in manic-depressive disorder. An evolutionary model. Arch. Gen. Psychiatry 39: 1436–1441.

Gardner R, Price JS (1999) Sociophysiology and depression. In: Joiner T, Coyne JC (Eds) The interactional nature of depression: Advances in interpersonal approaches, APA Books, Washington DC, pp 247–268.

Gedo JE, Goldberg A (1973) Models of the mind. A psychoanalytic theory. The University of Chicago Press, Chicago, London pp 73–150.

Goel V, Dolan RJ (2001) The functional anatomy of humor: segregating cognitive and affective components. Nature Neurosci. 4: 237–238.

Goldby F, Gamble HJ (1957) The reptilian cerebral hemispheres. Biol Rev. 32: 383–420.

Goldstein RG (1995) The higher and lower in mental life: an essay on J. Hughlings Jackson and Freud. J. Amer. Psychoanal. Assn. 43: 495–515.

Gould SJ (1977) Ontogeny and Phylogeny. The Belknap Press of Harvard University Press, Cambridge, MA; London, England.

Graybiel AM (2008) Habits, rituals, and the evaluative brain. Annu. Rev. Neurosci. 31: 359–387.

Greenberg N, Ferguson JL, MacLean PD (1976) A neuroethological study of display behavior in lizards. Neuroscience 2: 689.

Greenberg N (1978) Ethological considerations in the experimental study of lizard behavior. In: Greenberg N, MacLean PD, (Eds.) The behavior and neurology of lizards. U.S. Governement Printing Office, Washington, D.C., pp 203–224.

Greenberg N, MacLean PD, Ferguson JL (1979) Role of the paleostriatum in species-typical behavior of the lizard Anolis Carolinensis. Brain Res. 172: 229–241.

Groddeck G (1923) Das Buch vom Es. Fischer Verlag, Frankfurt am Main 1979, p 7.

Haeckel E (1866) Die Generelle Morphologie der Organismen. Berlin, G. Reimer.

Haeckel E (1874) Anthropogenie oder Entwicklungsgeschichte des Menschen. Engelmann, Leipzig.

Halgren E, Walter RD, Cherlow DG, Crandall PH (1978) Mental phenomena evoked by electrical stimulation of the human hippocampal formation and amygdala. Brain 101: 83–117.

Hanlon R (1990) Cognitive microgenesis: A neuropsychological perspective. Springer-Verlag, NewYork.

Harris VA (1964) The life of the Rainbow Lizard. Hutchinson, London.

Hassler R (1961) Motorische und sensible Effekte umschriebener Reizungen und Ausschaltungen im menschlichen Zwischenhirn. Dtsch. Z. Nervenheilkd. 183: 148–171.

Heath RG (1963) Electrical self-stimulation of the brain in man. Am. J. Psychiatry 120: 571–577.

Hebben N, Corkin S, Eichenbaum H, Shedlack K (1985) Diminished ability to interpret and report internal states after bilateral medial temporal resection: case H.M. Behav. Neurosci. 99: 1031–1039.

Hernandez-Peon R (1966) A neurophysiological model of dreams and hallucinations. J. Nerv. Ment. Dis. 141: 623–650.

Hess WR (1949) Das Zwischenhirn. Syndrome, Lokalisationen, Funktionen. Schwabe, Basel.

Hornak JE, Rolls T, Wade T (1996) Face and voice expression identification in patients with emotional and behavioral changes following ventral frontal lobe damage. Neuropsychologia 34: 247–261.

Hutchison WD, Davis KD, Lozano AM et al. (1999) Pain-related neurons in the human cingulate cortex. Nat. Neurosci. 2: 403–405.

Jackson JH (1931) Taylor J. (Ed) Selected writings of John Hughlings Jackson. Staples Press, London.

Jackson SW (1969) The history of Freuds concepts of regression. J. American Psychoanal. Assoc. 17: 743–784.

Jakobsson J, Cordero MI, Bisaz R, Groner AC, et al. (2008) KAP1-mediated epigenetic repression in the forebrain modulates behavioral vulnerability to stress. Neuron 60: 818–831.

Jansky J, Ebner A, Szupera Z, Schulz R, Hollo A, Szücs A, Clemens B (2004) Orgasmic aura: a report of seven cases. Seizure 13: 441–444.

Jerison HJ (1973) Evolution of the brain and intelligence. Academic Press, New York and London.

Jog MS, Kubato Y, Connolly CI, Hillegaart V, Graybiel AM (1999) Building neural representations of habits. Science 286: 1745–1749.

Kallen B (1951) On the ontogeny of the reptilian forebrain. Nuclear structures and ventricular sulci. J Comp. Neurol. 95: 307–347.

Kandel ER (2006) Psychiatrie, Psychoanalyse und die neue Biologie des Geistes. Suhrkamp, Frankfurt am Main, pp 119–183.

Kaplan-Solms K, Solms M (2000) Clinical studies in Neuro-Psychoanalysis. Karnac Books, London.

Karnath HO, Wallesch CW, Zimmermann P (1991) Mental planning and anticipatory processes with acute and chronic frontal lobe lesions: a comparison of maze performance in routine and non-routine situations. Neuropsychologia 29: 271–290.

Karnath HO, Thier P (2003) Neuropsychologie. Springer Verlag, Berlin, Heidelberg, New York.

Kataoka S, Hori A, Shirakawa T, Hirose G (1997) Paramedian pontine infarction. Neurological/topographical correlation. Stroke 28: 809–815.

Kennard C (1989) Hierarchies and the visual system. In: Kennard C, Swash M (Eds) Hierarchies in neurology. A reappraisal of a Jacksonian concept. Springer-Verlag, London, New York, pp 87–92.

Kennard C (1989a) Hierarchical aspects of eye movement disorders. In: Kennard C, Swash M (Eds) Hierarchies in neurology. A reappraisal of a Jacksonian concept. Springer-Verlag, London, New York, pp 151–158.

Kim JS, Choi-Kwon KS (2000) Poststroke depression and emotional incontinence: correlation with lesion location. Neurology 54: 1805–1810.

Kornhuber HH, Deecke L (1965) Hirnpotentialänderungen bei Willkürbewegungen und passiven Bewegungen des Menschen: Bereitschaftspotential und reafferente Potentiale. Pflügers Arch. 281: 1–17.

Krolak-Salmon P, Henaff MA, Vighetto A, Bauchet F, Bertrand O, Maugiere F et al (2006) Experiencing and detecting happiness in humans: The role of the supplementary motor area. Ann. Neurol. 59: 196–199.

Lamarck J B (1801) Systéme des animaux sans vertébres précédé du „Discours d'ouverture du cours de zoologie de l'an VIII" (Paris, an IX).

Lamarck J B (1802) Recherches sur l'organisation des corps vivans précédé du „Discours d'ouverture du cours de zoologie de l'an X" (Paris, an X).

Lamarck J B (1809) Philosophie zoologique. 2 vols, Paris.

Lamarck JB (1815–1822) Histoire naturelle des animaux sans vertèbres. 7 vols, Paris.

Lang EM, Schenkel R (1960–61) Goma, das Basler Gorillakind. Documenta Geigy, Basel.

Leutmezer F, Serles W, Bacher J, Gröppel G, Pataraia E, Aull S, Olbrich A, Czech T, Baumgartner C (1999) Genital automatisms in complex partial seizures. Neurology 52: 1188–1191.

Lewes GH (1879) The study of psychology. Houghton, Boston.

Loch W (1999) Die Krankheitslehre der Psychoanalyse. S. Hirzel Verlag, Stuttgart, Leipzig, pp 25–30.

Loddenkemper T, Foldvary N, Raja S, Neme S, Lüders HO (2003) Ictal urinary urge: further evidence for lateralization to the nondominant hemisphere. Epilepsia 44: 124–126.

Lorenz K (1937) Bildung des Instinktbegriffes. Naturwissenschaften 25: 289–300.

Lorenz K (1978) Vergleichende Verhaltensforschung. Grundlagen der Ethologie. Springer, Wien.

Luciano D, Devinsky O, Perrine K (1993) Crying seizures. Neurology 43: 2113–2117.

MacLean PD (1952) Some psychiatric implications of physiological studies on frontotemporal portion of limbic system (visceral brain). Electroencephalogr. Clin. Neurophysiol. 4: 407–418.

MacLean PD (1954) The limbic system and its hippocampal formation. Studies in animals and their possible application to man. J Neurosurg. 11: 29–44.

MacLean PD (1957) Visceral functions of the nervous system. Annu. Rev. Physiol. 19: 397–416.

MacLean PD (1962) New findings relevant to the evolution of psychosexual functions of the brain. J. Nerv. Ment. Dis. 135: 289–301.

MacLean PD (1964) Mirror display in the squirrel monkey Saimiri Sciureus. Science 146: 950–952.

MacLean PD (1969) The internal-external bonds of the memory process. J. Nerv. Ment. Dis. 149: 40–47.

MacLean PD (1970) The triune brain, emotion, and scientific bias. In: Schmitt FO (Ed) The Neurosciences. Second study program. Rockefeller University Press, New York, 336–349.

MacLean PD (1973) The brain's generation gap: Some human implications. Zygon J. Relig. Sci. 8, 113–127.

MacLean PD (1975a) On the evolution of three mentalities. Man-Environment-Systems 5: 213–224.

Mac Lean PD (1975b) The imitative-creative interplay of our three mentalities. In: Harris H (Ed.) Astride the two cultures: Arthur Koestler at 70, Hutchinson, London, pp 187–211.

MacLean PD (1975c) An ongoing analysis of hippocampal inputs and outputs: Microelectrode and anatomic findings in squirrel monkeys. In: Isaacson RI, Pribram KH (Eds) The Hippocampus, Volume 1, Plenum Press, New York, pp 177–211.

MacLean PD (1977) An evolutionary approach to brain research on prosematic (nonverbal) behavior. In: Rosenblatt JS and Komisaruk BR (Eds) Reproductive Behavior and Evolution. Plenum Press, New York, pp 177–211.

MacLean PD (1978) Effects of lesions of globus pallidus on species-typical display behavior of squirrel monkeys. Brain Res. 149: 175–196.

MacLean PD (1985) Brain evolution relating to family, play, and the separation call. Arch. Gen. Psychiatry 42: 405–417.

MacLean PD (1987) The midline frontolimbic cortex and the evolution of crying and laughter. In: Perecman E (Ed) The frontal lobes revisited. IRBN Press, New York, pp 121–140.

MacLean PD, Newman JD (1988) Role of midline frontolimbic cortex in production of the isolation call of squirrel monkeys. Brain Res. 450: 111–123.

MacLean PD (1990) The Triune Brain in evolution. Role in paleocerebral functions. Plenum Press, New-York, London.

Mahner M, Bunge M (2000) Philosophische Grundlagen der Biologie. Springer Verlag, Berlin.

Malthus TR (1798) An essay on the principle of population. Johnson J, St. Paul's Church Yard, London.

Marín O, Smeets WJAJ, Gonzáles A (1998) Basal ganglia organization in amphibians: evidence for a common pattern in tetrapods. Prog. Neurobiol. 55: 363–397.

Mayr E (1997) This is biology. Harvard University Press, Cambridge.

McGaugh JL (2004) The amygdala modulates the consolidation of memories of emotionally arousing experiences. Annu. Rev. Neurosci. 27: 1–28.

McLaughlin JT (1978) Primary and secondary process in the context of cerebral hemispheric specialization. Psychoanalytic Q. 47: 237–266.

Medin D (1990) Similarity involving attributes and relations: judgements of similarity and difference are not inverse. Psychol. Sci. 1: 64–69.

Meerlo JAM (1962) The dual meaning of human regression. Psychoanal. Rev. 49: 77–86.

Mellars P (1998) Neanderthals, modern humans and the archeological evidence for language. In: Jablonski NG, Aiello LC (Eds) The origin and diversification of language. Academy of Sciences, San Francisco.

Mendez MF, Nakatawase TV, Brown CV (1999) Involuntary laughter and inappropriate hilarity. J. Neuropsychiatry Clin. Neurosci. 11: 253–258.

Montagu A (1959) Natural selection and the origin and evolution of weeping in man. Science 130: 1572–1573.

Morgane PJ, Galler JR, Mokler DJ (2005) A review of systems and networks of the limbic forebrain/limbic midbrain. Progr. Neurobiol. 75: 143–160.

Mullan S, Penfield W (1959) Illusions of comparative interpretation and emotion; production by epileptic discharge and by electrical stimulation in the temporal cortex. AMA Arch. Neurol. Psychiatry 81: 269–284.

Murphy MR, MacLean PD, Hamilton SC (1981) Species-typical behavior of hamsters deprived from birth of neocortex. Science 213: 459–461.

Newman JD (1985) The infant cry of primates. An evolutionary perspective. In: Lester BM, Boukydis CFZ (Eds), Infant Crying: Theoretical and Research Perspectives. Plenum Press, New York.

Nieuwenhuys R, Voogd J, van Huijzen C (2007) The human central nervous system. 4th Ed. Springer.

Noble GK, Bradley HT (1933) The mating behavior of lizards: its bearing on the theory of sexual selection. Ann N.Y Acad. Sci. 35: 25–100.

Owren MJ, Bachorowski JA (2003) Reconsidering the evolution of non-linguistic communication: the case of laughter. J. Nonverbal Behav. 27: 183–197.

Panksepp J (1998) Affective Neuroscience: The foundations of human and animal emotions. Oxford University Press, New York and Oxford.

Panksepp J (2005) Beyond a joke: from animal laughter to human joy. Science 308: 62–63.

Parker GA (1974) Assessment strategy and the evolution of fighting behavior. J. Theoret. Biol. 47: 223–243.

Parvizi J, Anderson SW, Martin CO, Damasio H, Damasio AR (2001) Pathological laughter and crying. A link to the cerebellum. Brain 124: 1708–1719.

Peiper A, Thomas H (1952) Leerlaufendes Brustsuchen. Mschr Kinderheilk. 101: 303–307.

Penfield W, Welch K (1951) The supplementary motor area of the cerebral cortex. Arch. Neurol. Psychiatry 66: 289–317.

Perecman E (1985) Ukclclcs, Condessors, and Fosetch. Language Sciences 7: 177–214.

Pilleri G (1960a) Kopfpendeln („leerlaufendes Brustsuchen") bei einem Fall von Pick'scher Krankheit. Arch. Psychiat. Nervenkr. 200: 603–611.

Pilleri G (1960b) Über das Auftreten von Kletterbewegungen im Endstadium eines Falles von Morbus Alzheimer. Arch. Psychiat. Nervenkr. 200: 455–461.

Pilleri G (1961) Über das chronologische Auftreten von motorischen Schablonen des Oralsinnes, deren ontogenetische Bedeutung und klinisch-anatomische Zusammenhänge bei atrophisierenden Hirnerkrankungen. Schweiz. Arch. Neurol. Neurochir. Psych. 88: 273–298.

Pilleri G (1971) Instinktbewegungen des Menschen in biologischer und neuropathologischer Sicht. Akt. Fragen Psychiat. Neurol. 11: 1–37.

Pilleri G, Poeck K (1964) Arterhaltende und soziale Instinktbewegungen als neurologische Symptome beim Menschen. Psychiat. Neurol. 147: 193–238.

Ploog DW, MacLean PD (1963) Display of penile erection in squirrel monkey (Saimiri sciureus). Anim. Behav. 11: 32–39.

Ploog DW (2003) The place of the triune brain in psychiatry. Physiology & Behavior 79: 487–493.

Plotnik R (1968) Changes in social behavior of squirrel monkeys after anterior temporal lobectomy. J. Comp. Physiol. Psychol. 66: 369–377.

Poeck K, Hubach H (1963) Rhythmische orale Automatismen bei Dezerebrationszuständen. Deutsch. Z. Nervenheilk. 185: 37–52.

Poeck K, Pilleri G (1963) Pathologisches Lachen und Weinen. Schweiz. Arch. Neurol. Neurochir. 92: 323–370.

Poeck K (1969) Pathophysiology of emotional disorders associated with brain damage. In: Vinkens PJ, Bruyn GW (Eds) Handbook of clinical neurology. Elsevier, Amsterdam pp 343–367.

Poeck K (1985) Pathological laughter and crying. In: Vinken PJ, Bruyn GW, Klawans HL (Eds) Handbook of clinical neurology, vol 1: Clinical neuropsychology. Elsevier, Amsterdam pp 257–263.

Pötzl O (1917) Experimentell erregte Traumbilder und ihre Beziehungen zum indirekten Sehen. Zeitschr. Ges. Neurol. Psychiatr. 37: 278–349.

Pontius AA (1993) Neuroethological aspects of certain limbic seizure-like dysfunctions: Exemplified by limbic psychotic trigger reaction (motiveless homicide with intact memory). Integrative Psychiatry 9: 151–167.

Pontius AA (2002) Neuroethology, exemplified by limbic seizures with motiveless homicide in „Limbic Psychotic Trigger Reaction". In: Cory GA, Gardner R (Eds) The evolutionary neuroethology of Paul MacLean. Convergences and Frontiers. Praeger Publishers, Westport, CT, pp 167–191.

Prechtl HFR, Schleidt WM (1950) Auslösende und steuernde Mechanismen des Saugaktes. Z. vgl. Physiol. 32: 257–262.

Prechtl HFR (1953) Über die Koppelung von Saugen und Greifen beim Säugling. Naturwissenschaften 40: 347.

Preuss TM (2004) What is it like to be a human? In: Gazzaniga MS (Ed) The cognitive neurosciences III. The MIT Press, Cambridge, London, pp 5–22.

Price J (1967) The dominance hierarchy and the evolution of mental illness. Lancet 2: 243–246.

Price J, Sloman L, Gardner R, Gilbert P, Rohde P (1994) The social competition hypothesis of depression. British J. Psychiatry 164: 309–315.

Price J (2002) The triune brain, escalation, de-escalation strategies, and mood disorders. In: Cory GA, Gardner R (Eds) The evolutionary neuroethology of Paul MacLean. Convergences and Frontiers. Praeger Publishers, Westport, CT, pp 107–117.

Rado S (1969) Adaptional psychodynamics: motivation and control. Science House, New York.

Ramachandran VS (1998) The neurology and evolution of humor, laughter and smiling: the false alarm theory. Med. Hypotheses 51: 351–354.

Ramachandran VS (2003) Humor and laughter: A biological hypothesis. In: Baars BJ, Banks WP, Newman JB (Eds) Essential sources in the scientific study of consciousness. The MIT Press, Cambridge, London, pp 819–820.

Ramón y Cajal S (1892) El nuevo concepto de la histologia de los centros nerviosos. III. Corteza gris del cerebro. Rev. Cien. Med. Barcelona 18: 457–476.

Ramón y Cajal S (1894) Les nouvelles idées sur la structure du système nerveux chez l'homme et chez les vertébres. Reinwald, Paris.

Ramón y Cajal S (1909–1911) Histologie du système nerveux de l'homme et des vertébrés. 2 Vol. Maloine, Paris.

Rapaport D (1970) Die Struktur der psychoanalytischen Theorie. Ernst Klett Verlag, Stuttgart, pp 43–77.

Ritvo LB (1965) Darwin as the source of Freuds Neo-Lamarckianism. J. Amer. Psychoanal. Assn. 18: 195–208.

Ritvo LB (1993) Darwins influence on Freud: A tale of two sciences. Yale Univ. Press, New Haven & London

Rolls ET, Thorpe SJ, Maddison S, Roper-Hall A, Puerto A, Perret D (1979) Activity of neurones in the neostriatum and related structures in the alert animal. In: Divac I and Oberg RGE (Eds) The Neostriatum. Pergamon Press, Elmsford, N.Y., pp 163–182.

Roth G, Wullimann MF (1996) Evolution der Nervensysteme und der Sinnesorgane. In: Dudel J, Menzel R, Schmidt RF (Eds) Neurowissenschaft. Vom Molekül zur Kognition. Springer Verlag, Berlin, Heidelberg, New York, pp 1–31.

Saka E, Goodrich C, Harlan P, Madras BK, Graybiel AM (2004) Repetitive behaviours in monkeys are linked to specific striatal activation patterns. J. Neurosci. 24: 7557–7565.

Salk L (1960) The effects of the normal heartbeat sound on the behavior of the new-born infant: Implications for mental health. World Ment. Health 12: 168–175.

Sander F (1928) Experimentelle Ergebnisse der Gestaltpsychologie. In: Becher E (Ed) 10. Kongressbericht experimentelle Psychologie. Fischer, Jena.

Sander F (1930) Structures, totality of experience, and gestalt. In: Murchinson C (Ed) Psychologies of 1930. Clark University Press, Worcester, MA, pp 188–204.

Schepelmann F (1979) Rhythmic patterns of motor activity after lesions of the central nervous system in man. Acta Neurochirurgica 49: 153–189.

Schjelderup-Ebbe (1922) Beiträge zur Sozialpsychologie des Haushuhns. Zeitschrift für Psychologie 88: 225–252.

Schott JM, Rossor MN (2002) The grasp and other primitive reflexes. J Neurol Neurosurg Psychiatry 74: 558–560.

Schreiner L, Kling A (1956). Rhinencephalon and behaviour. Amer. J. Physiol. 184: 486–490.

Schur M (1960) Phylogenesis and ontogenesis of affect- and structure-formation and the phenomenon of repetition compulsion. Int. J. Psychoanal. 41: 275–287.

Seiss R (1965) Beobachtungen zur Frage der Übersprungsbewegungen im menschlichen Verhalten. Psychol. Beitr. 8: 1–97.

Shamay-Tsoory SG, Tomer R, Berger BD, Aharon-Peretz J (2003) Characterization of empathy deficits following prefrontal brain damage: The role of the right ventromedial prefrontal cortex. J. Cogn. Neurosci. 15: 324–337.

Shammi P, Stuss DT (1999) Humor appreciation: a role of the right frontal lobe. Brain 122: 657–666.

Shevrin H, Luborsky L (1960) The rebus technique: a method for studying primary process transformations of briefly exposed pictures. J. Nerv. & Ment. Dis. 133: 479–488.

Shevrin H, Fisher C (1967) Changes in the effects of a waking subliminal stimulus as a function of dreaming and non-dreaming sleep. J. Abnormal Psychol. 72: 362–368.

Shevrin H, Dickman S (2003) The psychological unconscious: a necessary assumption for all psychological theory? In: Baars BJ (Ed) Essential sources in the scientific study of consciousness. The MIT Press, Cambridge, London.

Singer HS, Reiss AL, Brown JE et al. (1993) Volumetric MRI changes in basal ganglia of children with Tourette syndrome. Neurology 43: 950–956.

Slotnick BM, Nigrosh BJ (1975) Maternal behavior in mice with cingulate cortical, amygdala, or septal lesions. J. Comp. Physiol. Psychol. 88: 118–127.

Smith E, Medin D (1981) Categories and Concepts. Harvard Univ. Press, Cambridge, MA.

Solms M, Saling M (1986) On psychoanalysis and neuroscience: Freuds attitude to the localizationist tradition. Int. J. Psychoanal. 67: 397–416.

Solms M, Turnbull O (2002) The brain and the inner world. An introduction to the neuroscience of subjective experience. Karnac, London – New York, pp 115–119.

Solms M, Turnbull O (2002a) The brain and the inner world. An introduction to the neuroscience of subjective experience. Karnac, London – New York, pp 101–104.

Spencer H (1855) The principles of psychology. London: Longman, Brown, Green, and Longmans.

Spencer H (1896) The principles of psychology, 3rd edition, 2 volumes in 3. Appleton, New York.

Spitz RA (1965) Vom Säugling zum Kleinkind (11. Auflage, 1987). Klett-Cotta, Stuttgart.

Stevens A, Price J (2000) Evolutionary Psychiatry: A new beginning (Second Edition). Routledge, London, New York.

Striedter GF (2005) Principles of brain evolution. Sinauer Associates, Sunderland, MA.

Stroud J (1967) The fine structure of psychological time. Annals N. Y. Acad. Sci. 138: 623–631.

Stroufe LA, Waters E (1976) The ontogenesis of smiling and laughter: A perspective on the organisation of development in infancy. Psych. Rev. 83: 173–189.

Sulloway F (1979) Freud: Biologist of the mind: Beyond the psychoanalytic legend. Basic Books, New York, pp 361–415.

Swanson LW (1987) Limbic system. In: Adelman G. (Ed.). Encyclopedia of Neuroscience. Birkhäuser, Boston, Basel, Stuttgart, 589–591.

Swash M (1989) Order and disorder in the motor system. In: Kennard C, Swash M (Eds) Hierarchies in neurology. A reappraisal of a Jacksonian concept. Springer-Verlag, London, New York, pp 113–122.

Tarpy R (1977) The nervous system and emotion. In: Candland DK, Fell JP, Keen E, Leshner AI, Tarpy R, Plutchik R (Eds) Emotion. Brooks/Cole, Monterey, California.

Taylor AE, Saint-Cyr JA (1995) The neuropsychology of Parkinson´s disease. Brain Cogn. 28: 281–296.

Taylor J. (ed)(1931/32) Selected writings of John Hughlings Jackson, vols 1 and 2. Hodder and Stoughton, London. Reprinted (1958) Basic Books, New York.

Tinbergen N (1940) Die Übersprungsbewegung. Z. Tierpsychol. 4: 1–40.

Tinbergen N (1951) The study of instinct. Oxford University Press, London.

Trinka E, Walser G, Unterberger I, Luef G, Benke T, Bartha L, Ortler M, Bauer G (2003) Peri-ictal water drinking lateralizes seizure onset to the nondominant temporal lobe. Neurology 60: 873–876.

Urbach E, Wiethe C (1929) Lipoidosis cutis et mucosae. Virchows Arch. 273: 285–319.

Vallbo AB (1989) Single fibre microneurography and sensation. In: Kennard C, Swash M (Eds) Hierarchies in neurology. A reappraisal of a Jacksonian concept. Springer-Verlag, London, New York, pp 93–109.

Van Buren JM, Li CL, Ojemann GA (1966) The fronto-striatal arrest response in man. Electroencephalogr. Clin Neurophysiol. 21: 114–130.

Vogt C, Vogt O (1920) Lehre der Erkrankungen des striären Systems. J. Psychol. Neurol 25: 628–846.

Wechsler JS, Bieber J, Balser GH (1936) Postural reflexes in patients with lesions of the frontal lobe. Arch. Neurol. Psychiat. 35: 1208–1215.

Weiller C, Chollet F, Friston KJ, et al. (1992) Functional reorganization of the brain in recovery from striatocapsular infarction in man. Ann Neurol 31: 463–472

Weinstein EA, Kahn RL (1955) Denial of illness: symbolic and physiological aspects. Charles C. Thomas Publisher, Springfield, Illinois.

Weiss P (1941) Self-differentiation of the basic patterns of coordination. Comp. Psychol. Monogr. 17: 1–96.

Werner H (1940) Musical „micro-scales" and „micromelodies." Journal of Psychology 10: 149–156.

Werner H (1940a) Comparative psychology of mental development. Harper, New York.

Werner H (1956) Microgenesis and aphasia. Journal of Abnormal & Social Psychology 52: 347–353.

Wickler W von (1966) Ursprung und biologische Deutung des Genitalpräsentierens männlicher Primaten. Z. Tierpsychol. 23: 422–437.

Wieser HG (1983) Electroclinical features of the psychomotor seizure. Gustav Fischer, Stuttgart- New York.

Wieser S (1957a) Pathologie und Physiologie des Greifens. Fortschr. Neurol. Psychiat. 25: 317–341.

Wieser S (1957b) Schlüsselreize raumorientierender Zuwendereaktionen. Arch. Psychiat. Nervenkr. 195: 373–382.

Wiest G, Lehner-Baumgartner E, Baumgartner C (2006) Panic attacks in an individual with bilateral selective lesions of the amygdala. Arch. Neurol. 63: 1798–1801.

Wild B, Rodden FA, Grodd W, Ruch W (2003) Neural correlates of laughter and humor. Brain 126: 2121–2138.

Williams D (1956) The structure of emotions reflected in epileptic experiences. Brain 79: 29–67.

Witt K, Nuhsman A, Deuschl G. Dissociation of habit-learning in Parkinson´s and cerebellar disease. J. Cogn. Neurosci. 14: 493–499.

Wojtecki L, Nickel J, Timmermann L, Maarouf M, Südmeyer M et al. (2007) Pathological crying induced by deep brain stimulation. Mov. Disord. 22: 1314–1316.

Wortis H, Maurer WA (1942) Sham rage in man. Amer. J. Psychiat. 98: 638.

Yakovlev PI (1948) Motility, behavior, and the brain. Stereodynamic organization and neural coordinates of behavior. J. Nerv. Ment. Dis. 107: 313–335.

Yin HH, Knowlton BJ (2006) The role of the basal ganglia in habit formation. Nature Rev. Neurosci 7: 464–476.

York GK, Steinberg DA (1995) Hughlings Jacksons theory of recovery. Neurology 45: 834–838.

Zeilig G, Drubach M, Katz-Zeilig M, Karatinos J (1996) Pathological laughter and crying in patients with closed traumatic brain injury. Brain Inj. 10: 591–597.

Abbildungsverzeichnis

Abb. 1. Jean-Baptiste Lamarck (1744–1829). Abbildung mit freundlicher Genehmigung der Bildersammlung, Sammlungen der Medizinischen Universität Wien.

Abb. 2. Lamarcks Konzept des „sentiment intérieur" als evolutionsbestimmendes Element am Beispiel der Giraffe.

Abb. 3. Charles Darwin (1809–1882). Reproduziert mit freundlicher Genehmigung von John van Wyhe ed., The Complete Work of Charles Darwin Online (http://darwin-on-line.org.uk/).

Abb. 4. Originalgraphik aus Charles Darwins Notizbuch (Darwin CR: Notebook B, Transmutation of species, 1837). Die Zeichnung repräsentiert die erste Darstellung seines Evolutionskonzeptes. Abbildung mit freundlicher Genehmigung der Syndics of Cambridge University Library.

Abb. 5. Abbildung aus Charles Darwins Buch „The Expression of the Emotions in Man and Animals" (Darwin CR: The expression of the emotions in man and animals. John Murray, London, 1872). Reproduziert mit freundlicher Genehmigung von John van Wyhe ed., The Complete Work of Charles Darwin Online (http://darwin-online.org.uk/).

Abb. 6. Illustration des „Biogenetischen Grundgesetzes" von Ernst Haeckel aus „Anthropogenie oder Entwicklungsgeschichte des Menschen" (Haeckel E: Anthropogenie oder Entwicklungsgeschichte des Menschen. Engelmann, Leipzig, 1874). Die Abbildung zeigt die morphologischen Ähnlichkeiten von Embryonen verschiedener Arten (v.l.n.r.: Fisch, Salamander, Schildkröte, Vogel, Schwein, Rind, Kaninchen und Mensch). Abbildung mit freundlicher Genehmigung von Prof. Olaf Breidbach, Ernst-Haeckel-Haus, Jena.

Abb. 7. Herbert Spencer (1820–1903). Abbildung mit freundlicher Genehmigung der National Portrait Gallery, London.

Abb. 8. Herbert Spencer´s Vorstellungen über den evolutionären Wandel des Nervensystems durch Überlagerung von Nervenverbänden in Invertebratenganglien. Aus dem ursprünglichen Ganglion (A) entsteht durch Überlagerung eine neue Struktur (A´). Der Erregungsverlauf erfolgt fortan nicht mehr von a nach b, sondern über die neuen neuralen Schichten (d,e,f,g). Aus „The principles of psychology" (Spencer H: The principles of psychology. 3rd edition. Appleton, New York, 1896). Abbildung mit freundlicher Genehmigung des Springer Verlages.

Abb. 9. John Hughlings Jackson (1834–1911). Abbildung mit freundlicher Genehmigung des Royal College of Physicians of London.

Abb. 10. Darstellung der phylogenetischen (ABCD) und ontogenetischen (abcde) Evolution von Pyramidenzellen (A-Frosch, B-Eidechse, C-Ratte, D-Mensch) durch Ramón y Cajal (Ramón y Cajal S: Histologie du système nerveux de l´homme et des vertébrés. 2 Vol. Maloine, Paris, 1911). Abbildung mit freundlicher Genehmigung von Prof. Alberto Ferrús, Instituto Cajal, Madrid.

Abb. 11. Erste Darstellung des Reflexbogenmodells durch Santiago Ramón y Cajal in „Les nouvelles idées sur la structure du système nerveux chez l´homme et chez les ver-

Abb. 23. Schnauzphänomen bei einer Patientin mit Morbus Alzheimer (Pilleri G: Instinktbewegungen des Menschen in biologischer und neuropathologischer Sicht. Akt. Fragen Psychiat. Neurol. 11: 1–37, 1971). Abbildung mit freundlicher Genehmigung der Karger AG, Basel.

Abb. 24. Hierarchisches Organisationsschema des Verhaltens nach Baerends (Baerends GP: Aufbau des tierischen Verhaltens. In: Helmcke JG (Ed) Handbuch der Zoologie, Band VIII, de Gruyter, Berlin, 1956) Abbildung mit freundlicher Genehmigung von Prof. Irenäus Eibl-Eibesfeldt.

Abb. 25. Neuroanatomie des Zentralnervensystems. The Human Central Nervous System (Nieuwenhuys R, Voogd J, van Huijzen C: The human central nervous system. 4th Ed., Springer, 2007). Abbildung mit freundlicher Genehmigung des Springer Verlages.

Abb. 26. Das Triune Brain Modell von Paul MacLean (MacLean PD: The Triune Brain in evolution. Role in paleocerebral functions. Plenum Press, New-York, London, 1990). Abbildung mit freundlicher Genehmigung des Springer Verlages.

Abb. 27. Die Strukturen der Basalganglien. The Human Central Nervous System (Nieuwenhuys R, Voogd J, van Huijzen C: The human central nervous system. 4th Ed., Springer, 2007). Abbildung mit freundlicher Genehmigung des Springer Verlages.

Abb. 28. Darstellung der Phylogenese der Reptilien und Säugetiere (MacLean PD: The Triune Brain in evolution. Role in paleocerebral functions. Plenum Press, New-York, London, 1990). Abbildung mit freundlicher Genehmigung des Springer Verlages.

Abb. 29. Die Position der Basalganglien bei Tetrapoden. Das Striatum (Str.) und der Nucleus accumbens (Ac) befinden sich topisch an der gleichen Lokalisation des Telencephalons von (A) Amphibien, (B) Reptilien, und (C) Säugetieren (Striedter GF: Principles of brain evolution. Sinauer Associates, Sunderland, MA, 2005). Abbildung mit freundlicher Genehmigung von Sinauer Associates.

Abb. 30. Schematische Darstellung der wichtigsten Afferenzen und Efferenzen des Reptiliengehirns, des Paläo- und Neo-Säugetiergehirns der Ratte (Panksepp J: Affective Neuroscience: The foundations of human and animal emotions. Oxford University Press, New York and Oxford, 1998). Abbildung mit freundlicher Genehmigung von Oxford University Press.

Abb. 31. Charakteristika von Erkennungshandlungen (A) und Droh- bzw. Angriffshandlungen (B) von Eidechsen (MacLean PD: The Triune Brain in evolution. Role in paleocerebral functions. Plenum Press, New-York, London, 1990). Abbildung mit freundlicher Genehmigung des Springer Verlages.

Abb. 32. Positionierung von Kontrahenten Seite an Seite vor einem Angriff (A) und charakteristische Schwanzbewegungen (B) als Balzhandlung bei Eidechsen (MacLean PD: The Triune Brain in evolution. Role in paleocerebral functions. Plenum Press, New-York, London, 1990) Abbildung mit freundlicher Genehmigung des Springer Verlages.

Abb. 33. Angriffsverhalten eines dominierenden Rhesusaffen (Ploog DW, MacLean PD: Display of penile erection in squirrel monkey (Saimiri sciureus). Anim. Behav. 11: 32–39, 1963). Abbildung mit freundlicher Genehmigung des Springer Verlages.

Abb. 34. Drohgebärde eines Schimpansen. Abbildung mit freundlicher Genehmigung von Prof. Irenäus Eibl-Eibesfeldt.

Abb. 35. Genitalpräsentieren bei Primaten. Abbildung mit freundlicher Genehmigung von Prof. Irenäus Eibl-Eibesfeldt.

Abb. 36. Mitglieder eines Stammes in Papua Neu Guinea als Beispiel für das Genitalpräsentieren beim Menschen. Abbildung mit freundlicher Genehmigung von Prof. Rudolf Wenger.

Abb. 37. Demutsgeste eines Schimpansen. Abbildung mit freundlicher Genehmigung von Prof. Irenäus Eibl-Eibesfeldt.

Abb. 38. Schematische Darstellung des Limbischen Systems und seiner Verbindungen. The Human Central Nervous System (Nieuwenhuys R, Voogd J, van Huijzen C: The human central nervous system. 4th Ed., Springer, 2007). Abbildung mit freundlicher Genehmigung des Springer Verlages.

Abb. 39. Das Limbische System von drei repräsentativen Säugetieren (v.l. n. r.: Kaninchen, Katze, Affe). Während der Evolution der Primaten kam es im Vergleich zum Limbischen System zu einer deutlichen Expansion des Neocortex (MacLean PD: The limbic system and its hippocampal formation. Studies in animals and their possible application to man. J Neurosurg. 11: 29–44, 1954). Abbildung mit freundlicher Genehmigung des Springer Verlages.

Abb. 40. Die drei Anteile des Limbischen Systems. Die nukleären Gruppen mit der Amygdala, dem Septum und dem thalamocingulären System sind mit den großen Ziffern (1,2,3) markiert. Die korrespondierenden kortikalen Areale des Limbischen Systems sind jeweils mit kleinen Ziffern dargestellt (MacLean PD: The Triune Brain in evolution. Role in paleocerebral functions. Plenum Press, New-York, London, 1990). Abbildung mit freundlicher Genehmigung des Springer Verlages.

Abb. 41. Schematisches Diagramm der wichtigsten Strukturen für die elementaren Sexualfunktionen beim Rhesusaffen. Die mit Punkten bzw. Strichen markierten Areale repräsentieren Regionen, durch deren elektrische Reizungen Erektionen induziert werden können (MacLean PD: New findings relevant to the evolution of psychosexual functions of the brain. J. Nerv. Ment. Dis. 135: 289–301, 1962). Abbildung mit freundlicher Genehmigung des Springer Verlages.

Abb. 42. Ein Schema zur Systematisierung von Affekten (MacLean PD: The triune brain, emotion, and scientific bias. In: Schmitt FO (Ed) The Neurosciences. Second study program. Rockefeller University Press, New York, 336–349, 1970). Abbildung mit freundlicher Genehmigung des Springer Verlages.

Abb. 43. Medialer Schnitt durch das Gehirn eines Rhesusaffen mit Darstellung der einzelnen sensorischen Afferenzen (biocones) zum Limbischen System (MacLean PD: The Triune Brain in evolution. Role in paleocerebral functions. Plenum Press, New-York, London, 1990). Abbildung mit freundlicher Genehmigung des Springer Verlages.

Abb. 44. Die Phylogenetische Entwicklung der Hirnrinde am Beispiel verschiedener Vertebraten. Ein definitiver Neocortex (schraffiert) findet sich erst bei Säugetieren. H = Hypophyse, S = Striatum, M = Mittelhirn, P = Pallium (Creutzfeld OD: Cortex Cerebri, Springer, Berlin, 1983). Abbildung mit freundlicher Genehmigung des Springer Verlages.

Abb. 45. Gliederung der funktionellen Regionen des Frontallappens im menschlichen Gehirn (Karnath HO, Thier P: Neuropsychologie. Springer Verlag, Berlin, 2003). Abbildung mit freundlicher Genehmigung des Springer Verlages.

Abb. 46. Schematische Illustration von neuralen Strukturen, die für das Lachen und die Wahrnehmung von Humor verantwortlich sind (Wild B, Rodden FA, Grodd W, Ruch W: Neural correlates of laughter and humor. Brain 126: 2121–2138, 2003). Abbildung mit freundlicher Genehmigung von Oxford University Press.

Abb. 47. Freuds erstes Schema des psychischen Apparates, das an das neurologische „Reflexbogenmodell" angelehnt ist. W = Wahrnehmung, M = Motorik (Freud S, 1900: Die Traumdeutung. Gesammelte Werke, II/III, Fischer Verlag, Frankfurt am Main, pp 542–546, 1999). Abbildung mit freundlicher Genehmigung des Fischer Verlages.

Abb. 61. Mikrogenetische Ebenen des Handlungsprozesses. (Brown JW: The life of the mind: Selected papers. Lawrence Erlbaum Associates, Hillsdale, New Jersey, 1988). Abbildung mit freundlicher Genehmigung der Taylor & Francis Group.

Abb. 62. Mikrogenetische Ebenen des Wahrnehmungsprozesses. (Brown JW: The life of the mind: Selected papers. Lawrence Erlbaum Associates, Hillsdale, New Jersey, 1988). Abbildung mit freundlicher Genehmigung der Taylor & Francis Group.

Abb. 63. Mikrogenetische Ebenen der Objektbildung bzw. der Bildung von Vorstellungen (imagery). Darstellung der Mikrogenese normaler und pathologischer Vorstellungen. (Brown JW: The life of the mind: Selected papers. Lawrence Erlbaum Associates, Hillsdale, New Jersey, 1988). Abbildung mit freundlicher Genehmigung der Taylor & Francis Group.

Abb. 64. Der mikrogenetische Prozess und die Entstehung der Erfahrung des „Jetzt" (Brown JW: The life of the mind: Selected papers. Lawrence Erlbaum Associates, Hillsdale, New Jersey, 1988). Abbildung mit freundlicher Genehmigung der Taylor & Francis Group.

Tabelle 1. Allgemeine (interoperative) Formen basaler Verhaltensweisen (MacLean PD: On the evolution of three mentalities. Man-Environment-Systems 5: 213–224, 1975). Abbildung mit freundlicher Genehmigung des Springer Verlages.

Tabelle 3. Social Competition Strategy in Form von Eskalation und De-Eskalation auf den verschiedenen Ebenen des Triune Brain Modells (Cory GA, Gardner R: The evolutionary neuroethology of Paul MacLean. Convergences and Frontiers. Praeger Publishers, Westport, CT, 2002). Abbildung mit freundlicher Genehmigung der Greenwood Publishing Group, Inc., Westport, CT.

Sachverzeichnis

GPSR Compliance

The European Union's (EU) General Product Safety Regulation (GPSR) is a set of rules that requires consumer products to be safe and our obligations to ensure this.

If you have any concerns about our products, you can contact us on ProductSafety@springernature.com

In case Publisher is established outside the EU, the EU authorized representative is:

Springer Nature Customer Service Center GmbH
Europaplatz 3
69115 Heidelberg, Germany

Zeitfracht Medien GmbH
Ferdinand-Jühlke-Straße 7
99095 Erfurt, Deutschland
produktsicherheit@kolibri360.de